益生菌乳制甜点研发及菌株保护策略研究

陈 霞◎著

中国商业出版社

图书在版编目（CIP）数据

益生菌乳制甜点研发及菌株保护策略研究/陈霞著.
—北京：中国商业出版社，2020.12
　　ISBN 978-7-5208-1504-8

　　Ⅰ.①益… Ⅱ.①陈… Ⅲ.①乳酸细菌-应用-乳制品-甜食-制作-研究 Ⅳ.①TS972.134

中国版本图书馆 CIP 数据核字（2020）第 259372 号

责任编辑：刘毕林

中国商业出版社出版发行
010-63180647　www.c-cbook.com
（100053　北京广安门内报国寺1号）
新 华 书 店 经 销
三河市天润建兴印务有限公司印刷

* * *

710 毫米×1000 毫米　16 开　12.75 印张　172 千字
2020 年 12 月第 1 版　2020 年 12 月第 1 次印刷
定价：49.00 元

* * *

（如有印装质量问题可更换）

前 言

乳制甜点是指添加了一定比例的牛乳、乳粉、奶油或干酪等乳制品原料制作而成的一类甜点的总称。由于乳制甜点具有良好的风味和口感，且营养价值较高，因而受到了世界各国消费者的普遍欢迎。乳制甜点营养丰富，但大多需要低温储存，是适于添加益生菌的食品载体。在乳制甜点中引入益生菌，不仅可以增加产品的营养价值和功能特性，而且可以提升产品的商业价值和对消费者的吸引力。

随着食品行业竞争的不断加剧，增加产品的保健功能和益生特性已成为食品企业实现差异化竞争的主要策略之一。有调查显示，在消费者感兴趣的功能性食品中，益生菌乳制甜点已被大多数消费者认为是可信任的功能性食品载体。在欧美国家，益生菌乳制甜点的开发和研究已经受到许多企业家和科学家的普遍关注，益生菌乳制甜点也被认为是未来最具市场潜力的功能性食品之一。目前市场上销售的益生菌甜点主要为低温冷藏的乳制甜点，包括慕斯、布丁、馅饼、巧克力点心和冰淇淋等。随着人们对益生菌功能性食品青睐度的不断提高，益生菌甜点的生产技术和功能研究也成为当下的研究热点。基于此，便有了这本《益生菌乳制甜点研发及菌株保护策略研究》。

本书是作者近十年对益生菌甜点进行系统研究的成果总结，包括益生菌发酵剂的选择、益生菌乳制甜点配方及制备工艺的优化、新产品的研发、储藏特性和功能特性评价等，为益生菌乳制甜点工业化生产提供了技术参数。将益生元与菌株预胁迫处理等方法应用于乳制甜点中的菌株保护，为提高发酵乳制品中活菌数及功能保持提供新思路。本书的出版，旨在指导益生菌乳制甜点的开发、生产，提高乳制甜点的营养价值、功能特性和商业价值；对于推动我国同类功能性甜点学术研究、市场应用和实际生产也具有指导意义。

本书共分四章。在成书过程中得到了扬州大学江苏省乳品生物技术与安全控制重点实验室及江苏省乳业生物工程技术研究中心开放课题项目（ZK2019013）"菌株的预胁迫处理对益生菌慕斯品质及菌活性的影响研究"等项目的支持，并参考了国内外相关的文献资料。

在此，要感谢参与项目研究过程的扬州大学顾瑞霞、印伯星、黄玉军、陈大卫、张臣臣、关成冉、鲁茂林、马文龙、王文琼等老师的通力合作；感谢参与实验和著作整理的王娜、周文娟、王鹏、肖潇、邵童等学生的努力付出；感谢扬大康源乳业有限公司在原料和中试开发方面提供的帮助。总之，对在本书出版过程中给予支持的领导和同行均表示感谢！

囿于作者学术能力，在写作过程中难免出现不妥，衷心希望读者和同人给予批评指正！

作　者

2020 年 11 月

序

随着社会进步和科技发展,人类的健康状况也发生了重大变化。传统危害人类健康的传染病被逐渐控制,取而代之的是各类慢性疾病及亚健康。根据世界卫生组织(WHO)一项全球性预测,目前真正健康的人仅占5%,患有疾病的人占20%,75%的人群则处于亚健康状态,而中国处于亚健康状态人口约有7亿人,并呈逐年上升趋势。这正是党的十九大报告明确指出的我国人民日益增长的美好生活需要和不平衡不充分的发展之间的矛盾表现之一,关系到人们生活最基本的幸福指数以及亿万人民群众的健康水平。在宏观国家层面,《"健康中国2030"规划刚要》将普惠健康保障体系作为影响中国经济社会发展的基础战略之一。"预防前移、重心下移",预防疾病及防止亚健康成为建设普惠健康保障体系的重要内容。在微观实施层面,需要从各行各业、各个研究领域开发新原料、新工艺、新设备、新产品促使国家战略落实到位。

扬州大学旅游烹饪学院的陈霞博士是潜心致力于我国"大健康"建设的学者之一，长期探索有益于人体健康的益生菌在食品中应用的新路径，在开展益生菌甜点研究和开发的工作中取得了系列成果。专著《益生菌乳制甜点研发及菌株保护策略研究》就是陈霞博士近年来研究成果的总结，我有机会先睹为快。纵观整个论著，具有以下几个特点：

一是选题科学。一方面表现在符合科学原理，现代营养学、预防医学和肠道保健理论证明，益生菌具有调节人体胃肠道菌群平衡，增强机体免疫力、延缓衰老和预防癌症等重要作用；另一方面表现在符合产业政策，世界各国政府及著名企业，以及我国科技部都高度重视益生菌产业的科技发展，我国在"十一五"、"十二五"以及"十三五"期间都部署了多项重大项目，以促进益生菌的基础研究和产业化升级。

二是理念先进。利用现代营养学和饮食保健理论的最新成果，结合现代生物技术，采用具有自主知识产权的益生菌发酵制作乳制甜点，使乳制甜点的美味口感与益生菌发酵产生的抗氧化功能活性成分相结合，从而提升了产品的营养价值和功能特性。该研究成果引领了普通食品的功能化转变，赋予了产品更高的商业价值和消费者吸引力，对于推动我国乳制品及餐饮食品的产业结构调整具有积极意义。

三是视角独特。目前的益生菌产品主要以发酵乳制品、膳食补充剂和药品为载体,产品形式相对单一。该著作研究了将益生菌应用于甜点产品中的可能性,独辟蹊径,既为提高益生菌产品中的菌株活性及功能保持提供新思路,也扩大了益生菌的获取途径。

四是内容翔实。该书系统总结了作者近十年来对益生菌甜点的研究成果,对益生菌甜点的研究现状、理论基础和研究方法做了系统的介绍,为益生菌乳制甜点工业化生产提供了技术参数,也为从事功能性食品研发和生产的人员提供了一份清晰、完整和全面的参考资料。

五是引领创新。我国的甜点行业起步较晚、基础薄弱,普遍存在产品科技含量不高、附加值低,新产品开发在低层面重复等缺陷。如何提升甜点产品的附加值和科技含量,如何实现产品的差异化竞争,一直是困扰食品研发人员和经营者的难题。该著作将现代微生态理论和营养保健理论的新成果应用于功能性甜点的开发,结合多菌株益生菌共生发酵技术,实现了普通食品的功能化提升,为新型功能性食品开发,以及益生菌的应用创新提供了思路。该书无疑是一部具有创新价值的专著。

观其著,念其人。我曾经是陈霞在哈尔滨商业大学的硕士导师,她以优异的成绩毕业后到扬州大学旅游烹饪学院工作,成了同行。她学技术,成了面点高级技师,是餐饮、烹饪学术界不多的"双师型"教师;她继续求学，在顾瑞霞教授指导下取得了博士学位；她留洋深造，作为访问学者赴英国、加拿大等国家从事科学研究，学术上取得了丰硕成果。从她对做学问、做工作的态度上可以推测出她潜心研究，取得成果的原因。

作为陈霞博士的老师及同行，我愿意向广大读者推荐该著作，并希望她有更多的成果问世。

哈尔滨商业大学原副书记、副校长
教育部餐饮行业指导委员会副主任
中国烹饪协会特邀副会长
教授、博士、博士生导师

目 录

第一章　益生菌乳制甜点的研究概述 …………………………… 1
　第一节　益生菌乳制甜点的研究现状 ……………………… 1
　第二节　影响益生菌甜点品质及菌活性的因素 …………… 10
　第三节　益生菌甜点中菌株活性的保护策略 ……………… 16
　第四节　新型功能性甜点
　　　　　——益生菌乳制甜点的市场前景 ………………… 25
　本章参考文献 ………………………………………………… 30

第二章　益生菌慕斯的菌株筛选及产品研发 ………………… 46
　第一节　益生菌慕斯的菌株筛选 …………………………… 47
　第二节　益生菌酸奶慕斯的研制 …………………………… 57
　第三节　益生菌酸奶慕斯的储藏特性分析 ………………… 71
　第四节　益生菌奶酪慕斯的研制 …………………………… 83
　本章参考文献 ………………………………………………… 97

第三章　菊粉对益生菌慕斯品质及功能特性的影响 ………… 101
　第一节　菊粉添加量对益生菌慕斯品质的影响 …………… 102
　第二节　菊粉对益生菌慕斯质构及流变特性的影响 ……… 111

第三节　菊粉替代淡奶油对益生菌慕斯储藏特性及
风味的影响 …………………………………… 122
第四节　菊粉对益生菌慕斯功能特性的影响 …………… 135
本章参考文献 …………………………………………… 148

第四章　益生菌奶冻的配方优化及储藏特性研究 ………… 157
第一节　益生菌奶冻发酵剂的筛选 ……………………… 158
第二节　益生菌奶冻的配方优化 ………………………… 169
第三节　益生菌奶冻的储藏特性分析 …………………… 181
本章参考文献 …………………………………………… 192

第一章　益生菌乳制甜点的研究概述

近年来，随着人们生活水平和健康意识的不断提高，具有特定生理功能，并有益于人体健康的益生菌乳制甜点受到了消费者的普遍青睐。益生菌乳制甜点是将益生菌菌粉、益生菌微胶囊或益生菌发酵乳添加到甜点浆料中，经发酵或不发酵、凝冻、冷藏等工序制成的口感良好、营养丰富，并具有特殊益生功能的甜点产品[1]。根据益生菌对营养因子和生存环境的需求特点，益生菌甜点大多以低温乳制甜点为主。为此我们首先介绍益生菌乳制甜点的研究现状，总结影响益生菌甜点品质及菌活性的因素，以及益生菌活性的保护策略，并对益生菌甜点的市场前景进行分析，为开展益生菌乳制甜点的研发与生产提供理论参考。

第一节　益生菌乳制甜点的研究现状

随着食品行业竞争的不断加剧，增加产品的保健功能和益生特性已成为食品企业实现差异化竞争的主要策略。大量研究证实，乳制甜点是益生菌生长的良好载体，将益生菌添加到乳制甜点中，不仅可以增加产品的营养价值，而且可以提升产品的功能特性和商业价值[2-3]。Ares 等[4]的一项调查显示，在消费者感兴趣的功能性食品中，乳制甜点被认为是最受信任的功能性食品载体之一。在欧美国家，益生菌乳制甜点的开发和研究已经受到许多企业家和科学家的普遍关注，益生菌乳制甜点也被认为是未来最具市场潜力的功能性食品之一[5]。

1. 益生菌的定义及功能特性

益生菌（Probiotic）是一类对宿主有益的活性微生物，是定植于人体肠道、生殖系统内，能产生确切健康功效并可以改善宿主肠道微生态平衡、发挥有益作用的活性微生物的总称。早在公元前76年，古罗马的一位历史学家就发现发酵的奶制品可以治疗胃肠炎[6]。欧洲的高加索山区是著名的长寿之乡，当地人经常饮用自制酸牛奶，因此极少患糖尿病、高脂血症和心血管疾病等，大量研究证实这一现象的产生与当地人喜欢食用酸牛奶有很大的关系。近代，随着微生物学的发展，不断有学者提出乳酸杆菌和双歧杆菌等乳酸菌能够通过抑制肠道内的有害菌生长而发挥治疗作用，随之益生菌的概念被提出。最早益生菌的含义为"for life"，后来，随着人们对益生菌的研究越来越深入，其定义也几经演变。目前被广泛认可的益生菌定义，认为它"是一类能够调节人体肠道微生态平衡，对人体健康具有重要作用的活性微生物"[7]。

益生菌具有诸多的功能特性，且被大量的科学研究所证实。目前被广泛认可的益生菌功能特性有：（1）预防和治疗腹泻。摄入益生菌有利于调节人体肠道菌群平衡，有利于恢复肠道正常的pH值，从而缓解腹泻[8]。（2）调节人体免疫功能。人体肠道内存在复杂的免疫调节系统，益生菌可以调节人体肠道的免疫机能处于正常水平。益生菌的免疫调节作用对于预防癌症和减缓过敏性疾病具有很好的功效[9-11]。（3）缓解乳糖不耐症。乳酸菌可以分解乳糖，缓解人体由乳糖引起的腹泻、胀气等不适症状[12-13]。（4）润肠通便功效。益生菌能有效抑制肠道内有害菌的生长和繁殖，减少有害物质和毒素的产生，并可以促进肠蠕动，改善便秘和排便困难症状，有利人体肠道消化系统的健康[14]。（5）益生菌可用于治疗生殖系统感染。（6）益生菌可以降低人体血清的胆固醇水平，长期食用益生菌可有效降低血脂和血清胆固醇水平，并有助于预防骨质疏松[15]。（7）益生菌有助于营养成分的吸收，每天摄入一定量的益生菌，不仅能扼制肠道内有害菌的产生，还可以促进有益菌群的生长，建立一个健康的肠道环境[16]。

2. 益生菌在食品工业中的应用

自20世纪90年代初开始，益生菌食品开始被人们广泛认可。发展至今，益生菌食品已经成为世界第一大功能性食品，产值占功能性食品市场总份额的65%左右，且保持着持续增长的态势。在许多发达国家，如美国、日本、澳大利亚、丹麦、挪威、芬兰等，每年均投入大量的财力、物力开展益生菌功能性食品的研究，开发了许多专利益生菌菌株及益生菌功能性食品。目前，市场上销售较多的益生菌功能性食品品种有酸奶、奶粉、干酪、饮料、冰淇淋、慕斯、布丁和膳食补充剂等。经初步统计，应用到这些产品中最常见的益生菌是双歧杆菌和乳杆菌。近年来，中国的益生菌食品研发处于快速成长阶段，正在与国际市场接轨。

2.1 益生菌在乳制品中的应用

益生菌正在成为营养领域的重要膳食成分，而乳制品是益生菌应用最广泛的领域，益生菌乳制品因其良好的风味、口感、营养和益生功能而受到广大消费者的喜爱[17]。益生菌乳制品主要以发酵乳制品为主，最常见的是益生菌酸奶、发酵乳饮料、干酪和婴幼儿奶粉等，新型的产品有冰淇淋、奶片、慕斯、布丁和冷冻酸奶等乳制甜点产品。大量的研究证实，乳制甜点是益生菌生存的优良载体，且具有良好的发展前景。

2.2 益生菌在果蔬发酵中的应用

益生菌被广泛用于泡菜、酸菜、果蔬发酵饮料等食品的加工生产中。近年来，伴随食品工业的发展，乳酸菌的发酵也被用到了果蔬饮料的生产中。使用乳酸菌发酵果蔬汁不仅改善了产品的风味，同时也可以提高产品的营养价值，成为果蔬深加工领域的研究热点[18]。

2.3 益生菌在功能性食品中的应用

从全世界范围来看，益生菌食品已经拥有全球最大的功能性食品市场[19]。世界许多国家都投入大量的人力、物力对益生菌进行了广泛而深入的研究，开发了多种拥有自主知识产权的益生菌菌株及产品，创造了巨大的社会和经济效益[20]。在国外市场，益生菌产品主要包括酸奶、奶粉、干酪、冰淇淋、饮料、乳制甜点和膳食补充剂等，如表1-1所示。

表1-1 市场上重要的益生菌及其发酵乳产品

益生菌菌株（Strain）	产品（Product）
Lactobacillus rhmnosus GG	酸奶，饮料，干酪，奶粉，乳制甜点，膳食补充剂
Lactobacillus casei CRL431	酸奶，饮料，干酪，奶粉
Lactobacillus reuteri MM53	酸奶，饮料，干酪，奶粉
Bifidobacterium longum BB536	酸奶，牛奶，饮料，奶粉
Lactobacillus casei Shirota	饮料，乳制甜点
Bifidobacterium animalis BB12	酸奶，婴幼儿食品，干酪，乳制甜点，膳食补充剂
Lactobacillus acidophilus NCIMB	酸奶，饮料，干酪，婴幼儿食品，膳食补充剂
Lactobacillus rhmnosus GR-1	酸奶，饮料，干酪

由于益生菌乳制甜点的品种多样、风味良好、口感丰富，具有较高的营养价值和益生功能，因而受到不同年龄消费群体的喜爱，显示出了巨大的市场潜力。

3. 益生菌乳制甜点的研究现状

目前市场上销售的益生菌乳制甜点主要为低温乳制甜点，包括慕斯、布丁、蛋糕、馅饼、软糖、酱料、巧克力、冰淇淋和冷冻酸奶等[21]。在我国，益生菌乳制甜点的生产和研发还处于起步阶段，市场上销售的产品品种较少，大多处于实验室研发阶段。

3.1 慕斯

慕斯（Mousse）又称奶油冻，是在打发的奶油中加入起稳定作用的明胶，以及改善结构、口感和风味的各种辅料制成的一类低温乳制甜点[22]。慕斯可以直接食用，也可作为蛋糕夹层制成慕斯蛋糕。慕斯口感细腻爽滑、口味纯真自然，是目前甜品市场上消费量较高的一类产品。慕斯营养丰富，且需要冷冻或冷藏保存，是最适合添加益生菌的乳制甜点之一。Buriti 等[23]研究了添加 *Lactobacillus acidophilus* LA-5 的番石榴慕斯，发现在 28 d 冷藏保存期间产品中的活菌数可以保持在 10^6 CFU/g 以上。Aragon-Alegro 等[24]研究了在巧克力慕斯中添加 *Lactobacillus paracasei subsp. Paracasei* LBC 82，发现巧克力慕斯是益生菌生存的良好载体。通过在慕斯产品中添加益生菌，不仅赋予了产品良好的功能特性，而且还改善了产品的风味和口感。

3.2 奶冻

奶冻（Blancmange）是一种添加了牛奶和稀奶油的布丁，属于半凝固状的冷冻甜品。奶冻是在食品浆料中添加吉利丁、卡拉胶、CMC 等亲水性的增稠剂，经过冷冻或冷藏而成形的一类凝胶型甜点[25]。奶冻口感细腻、香甜爽滑，其组织状态与果冻非常相似，但营养价值远高于果冻，是适合添加益生菌的低温乳制甜点之一。在欧美国家，奶冻是深受人们欢迎的餐后甜品。Helland 等[26]研究了利用 *Bifidobacterium animalis* BB-12、*L. acidophilus* LA-5、*L. acidophilus* 1748 和 *Lactobacillus rhamnosus* GG 四种乳酸菌制作酸奶冻，得到的产品中益生菌活菌数超过 10^7 CFU/g。

Ozcan[27]等研究了利用 L. acidophilus LA-5 和 B. bifidum BB-12 制作益生菌大米布丁。产品不仅具有良好的感官品质和较高的活菌数，而且保质期可以达到 15 d。黄晓庆等[28]研究了利用 L. acidophilus LA-5、B. bifidum BB-12 和 S. thermophilus 制作可吸型发酵乳果冻，制得的产品不仅酸甜爽口、风味独特，而且具有较高的活菌数，增加了产品的营养价值和功能特性。

3.3 馅饼及蛋糕夹馅

馅饼及蛋糕是消费量较高的甜点，在馅饼和蛋糕的夹馅中添加益生菌，一方面增加了产品的功能特性，另一方面可以提升产品的商业价值和对消费者的吸引力。Alisson 等[29]的研究发现，在巧克力馅饼的馅心中添加 L. casei Lpc 37，产品在保质期内的活菌数始终保持在 10^9 CFU/g。Correa [30]等研究了在益生菌椰子馅饼中添加 L. paracasei LBC 82 和 B. lacti BL 04，发现在 5℃保存 28 d 期间，产品的活菌数始终保持在 10^7 CFU/g。

3.4 冰淇淋

冰淇淋被看作是为人体提供益生菌的有效载体。Homayouni 等[31]研究利用微胶囊技术和抗性淀粉来制作益生菌冰淇淋，产品不仅具有较高的益生菌活菌数，而且具有较好的感官品质。宋士良[32]等将两歧双歧杆菌 BB-G90、嗜酸乳杆菌 LA-G80 和干酪乳杆菌 LC-G11 的菌粉按照 1∶1∶1 的比例混合后，制成活菌数 2×10^7 CFU/g 以上的菌粉添加到冰淇淋中，制成的益生菌冰淇淋在-18℃保存 6 个月后，活菌数仍保持在 10^6 CFU/g 以上。说明益生菌在冰淇淋基质中具有较好的稳定性。孙雪姣等[33]利用植物乳杆菌发酵制备酸奶,并添加火龙果研制了一款口感良好、营养价值丰富的益生菌火龙果酸奶冰淇淋。马雪等[34]利用猕猴桃汁和酸奶等研制了一款猕猴桃口味的酸奶冰淇淋。

3.5 巧克力

大量研究证实,巧克力是益生菌的良好载体[35]。近年来,添加了益生菌的巧克力产品也受到消费者的欢迎。世界知名的巧克力生产企业百乐嘉利宝在美国市场推出一款益生菌巧克力产品。澳大利亚的佳思敏公司研发了一款益生菌巧克力球产品,该产品中添加了嗜酸乳杆菌、乳双歧杆菌和菊粉等,且每个巧克力球中的益生菌活菌数达 $5×10^8$ CFU/g 以上。这些益生菌巧克力产品的益生菌活菌数比酸奶等乳制品高出 3 倍以上,并且拥有 1 年的保质期[36]。

3.6 冷冻酸奶

冷冻酸奶是最早流行于欧美的一种类似于冰淇淋,但比冰淇淋奶油添加量少很多的产品[37]。冷冻酸奶中添加了较多的酸奶成分,因而营养价值更高,保质期较长。据统计,2016 年中国冷冻酸奶销售额达到 4 亿美元左右,并且未来的五年内发展态势良好,有望在 2021 年超过冰淇淋,市场规模超过 21 亿元[38-39]。虽然发展前景良好,但冷冻酸奶在我国仍然处于初级发展阶段。关于冷冻酸奶的研究也并不多见。马瑞芬等[40]研究了适于冷冻酸奶生产的复配发酵剂,得到的菌株配比为:嗜热链球菌、保加利亚乳杆菌、嗜酸乳杆菌、副干酪乳杆菌以 250∶25∶55∶33 的比例进行复配,制得的冷冻酸奶产品最终活菌数可达到 10^7 CFU/g

以上。

4. 乳制甜点中益生菌的选择标准

益生菌能够被加工成食品的首要条件是安全，选择益生菌的首要标准是无致病性、不携带可转移的抗生素基因，无潜在的溶血活性和不能使胆盐早期解离等[41]。在乳制甜点研发时，首先应选择具有长期安全使用记录的益生菌，如乳杆菌属、双歧杆菌属、肠球菌属和链球菌属等。目前在乳制甜点生产中使用的益生菌种类如表 1-2 所示，其中使用较多的是双歧杆菌属和乳杆菌属[42]。

表 1-2 乳制甜点中常用的益生菌

Ta 益生菌属	种　类
Lactobacillus sp.	L. acidophilus, L. delbrueckii ssp., L. casei, L. cellobiosus, L. fermentum, L. plantarum, L. curvatus, L. reuteri, L. brevis
Bifidobacterium sp.	B. bifidum, B. animalis, B. adolescentis, B. infantis, B. thermophilum, B. longum
Enterococcus sp.	Ent. faecalis, Ent. faecium
Streptococcus sp.	S. cremoris, S. salivarius, S. diacetylactis, S. intermedius

益生菌在人体内能够发挥保健功效的首要条件是其能在人体肠道内存活和增殖，且必需达到足够多的数量[43]。因此在生产

益生菌乳制甜点时，应选择在肠道表面具有良好黏附能力的益生菌，同时具有较好的耐酸耐胆盐能力。许多国际性食品组织建立的乳制品中益生菌的含量标准一般要求高于 6~7 log CFU/g[44]，因此设计乳制甜点的配方和生产工艺时，要确保益生菌的活菌数量满足上述标准要求。加拿大食品监察局规定，益生菌或其他类似产品每天供应人体的数量不低于 9 log CFU[45]，而日本发酵乳及乳酸菌饮料协会规定益生菌产品中的活菌数必须达到 7 log CFU/g[46]。益生菌在乳制甜点中还需面临特殊的环境因素考验，例如高氧、高糖、低 pH 值和低温等，这些环境因素都可能引起益生菌的活性降低，甚至死亡[47]。一般来讲，能在乳制甜点中很好存活的益生菌，需要较强的环境耐受力。

第二节　影响益生菌甜点品质及菌活性的因素

在乳制甜点中加入益生菌后，由于添加的菌种、培养方式以及发酵基质不同，都会对产品的 pH 值、风味以及感官特性产生一定的影响。同时，食品生产中添加的配料、添加剂、氧，使用不同组合的菌株，以及益生菌的添加方式等，也会对乳制甜点中添加的益生菌活性产生影响[48]。分析研究添加益生菌对乳制甜点品质的影响，以及影响益生菌甜点中益生菌活性的因素，目的是为提高益生菌乳制甜点品质及功能特性提供理论参考。

1. 添加益生菌对乳制甜点品质的影响

1.1 添加益生菌对乳制甜点酸度的影响

在发酵乳制品中,由于益生菌连续的乳糖发酵作用,会产生大量的乳酸和其他有机酸,从而使产品的 pH 值不断降低。Correa[30]等研究发现,将益生菌椰子馅饼放在 5℃ 的条件下保存 28 d 后,添加了乳酸杆菌 LBC 82 和双歧杆菌 BL 04 的样品 pH 值比只添加乳酸杆菌的高。Haissa[49]等研究发现在 Petit-suisse 奶酪中添加双歧杆菌和乳酸菌后,样品在储存期间的 pH 值都明显下降。Fernandes 等[50]研究发现,接种了 *L. acidophilus* LA-5 的乳制甜点在 5℃ 保存 28 d 后,其 pH 值从 6.6 降到 5.6,而接种了无害 *Listeria innocua* 的乳制甜点的 pH 值从 6.6 上升到 7.1,说明 *Listeria innocua* 的蛋白水解能力要比 *L. acidophilus* LA-5 强。而同时接种 *L. acidophilus* LA-5 和 *Listeria innocua* 混合菌株的乳制甜点在第 28 d 的 pH 值也略有升高,说明 *Listeria innocua* 的代谢产物足够抵消 *L. acidophilus* LA-5 产生的乳酸,从而使 pH 值有所升高。Aragon-Alegro 等[51]研究了添加菊粉和 *L. paracasei* LBC 82 的巧克力慕斯在 4±1℃ 储藏 28 d 期间的 pH 值变化,发现只添加 *L. paracasei* LBC 82 产品的 pH 值从 6.26 降低到 5.67,而同时添加菊粉和 *L. paracasei* LBC 82 的产品 pH 值从 6.21 降低到 5.37,说明添加菊粉会对乳酸菌产生一定的保护作用,使 *L. paracasei* LBC 82 的产酸能力保持在较高的水平。

1.2 添加益生菌对乳制甜点风味的影响

香味是决定食品产品能否受消费者欢迎的关键，且大部分消费者认为香味是选择和接受一款特定产品的重要因素[52]。在乳制甜点中加入益生菌后，其产生的蛋白酶可将乳品中的蛋白质分解为易于人体消化吸收的多肽和氨基酸，产生的脂肪酶可以把脂肪分解成短链的挥发性脂肪酸和酯类物质，使产品具有特殊的香味。此外，乳酸菌在发酵过程中除了产生大量乳酸之外，还能产生一些其他的风味物质，如甲酸、乙酸、双乙酰、乙偶姻、乙醛等[53]。Helland[26]等在牛奶布丁中添加了不同的益生菌，并在 5 ± 1℃条件下保存 21 d，观察不同菌株对产品中风味物质的影响。结果表明，在接种嗜酸乳杆菌 LA-5 和双歧杆菌 BB-12 的牛奶布丁中，乙偶姻和乙醇的含量最低，分别为 33.6 mg/kg 和 3.5 mg/kg。所有样品中乙醛的含量都有所下降，而二乙酰的含量都有所增加。

1.3 添加益生菌对乳制甜点感官品质的影响

在乳制甜点中添加益生菌后，常常会对其感官特性产生一定的影响，从而影响消费者对产品的接受程度。Cardarelli 等[54]研究发现在巧克力慕斯中添加 *L. paracasei* LBC 82 和菊粉后，可以改善产品的感官品质。而 *Magarinos* 等[55]研究发现添加了 *B. animalis* BB-12 和 *L. casei Shirota* 的牛奶甜点在冷藏期间的感官品质可接受程度持续降低，在 21 d 时降到最低。Romano 等[56]研究发现，在栗子慕斯粉中添加了 *L. rhamnosus* GG 和 RBM526 的喷雾干燥菌粉后，制得的慕斯产品的感官品质与不添加菌粉的产品无显著性差异。Correa 等[30]研究发现，在椰香布丁中分别添加 *L. paracasei* LBC 82、*B. lactis* BL-04 和两种菌的混合培养物时，三种产品在 21 d 保存期间的感官特性与不添加益生菌的对照组间无显著性差异（$P<0.05$）。一般来讲，消费者不会接受比普通食品难吃的功能性食品，因此，益生菌乳制甜点在研发时必须确保产品的感官特性能够被消费者所认可。

2. 影响益生菌甜点活菌数的因素

2.1 食品配料及添加剂对益生菌活性的影响

在乳制甜点生产时，常常需要添加一些食品配料和添加剂来改善产品的风味、口感和组织状态，例如甜味剂、水果、巧克力、色素、增稠剂、稳定剂、酸味剂等，这些成分的加入都会对益生菌的生长和代谢产生影响。Possemiers 等[36]研究发现巧克力可以促进益生菌在甜点中生长，并提高其对抗环境压力的能力，保护益生菌不受人体胃肠道的伤害。Vinderola 等[57]通过在多种甜点中添加配料和添加剂来测试其对益生菌活性的影响，发现草莓香精、香草精、香蕉香精都会对双歧杆菌和嗜酸乳杆菌产生一定的抑制作用；15%~20%的蔗糖就会抑制双歧杆菌的繁殖；而天然色素，包括深红、姜黄和胭脂素则不会对乳酸菌的生长产生影响。Nualkaekul 等[58]研究发现 *L. plantarum* NCIMB 8826 的活性会受到草莓汁、石榴汁和猕猴桃汁的抑制。Buriti 等[59]研究发现在牛奶慕斯中添加浓缩番石榴果汁和番石榴果肉会抑制 *L. acidophilus* LA-5 的生长。除此之外，果汁的 pH 值和有机酸组成成分也会对益生菌的活性产生影响[60]。调味剂对益生菌活性的抑制作用，可能是因为其中含有的精油引起的胞溶作用，也可能是因为含有酚类物质，如丁子香酚、苯丙烯酸、香芹酚、百里香酚等[61]。

大多数乳制甜点中都需要添加一定量的增稠剂，如吉利丁、卡拉胶和淀粉等，从而增加产品的稠度和硬度，便于其成形。各种来源的天然淀粉和改性淀粉（主要是玉米、大米、木薯），其具有增稠和凝胶化特性被广泛应用于乳制甜点的生产。Ozcan 等[27]研究发现添加米粉会对益生菌大米布丁中的 *L. acidophilus* LA-5 和 *B. animalis* BB-12 的活性产生一定影响，发现在 4±1℃ 冷藏期间，其活菌数呈下降趋势，且在 21 d 时活菌数下降较快，低于 10^6 CFU/g。

2.2 氧对益生菌活性的影响

在生产慕斯、蛋糕和馅饼等乳制甜点时，为了改善产品的口感和组织状态，往往需要添加一定量的打发淡奶油，这使得产品中充入大量的空气。产品中分子氧的存在会对厌氧和微量需氧乳酸菌产生不利影响，例如乳酸杆菌是微量需氧微生物，双歧杆菌是严格厌氧微生物[62]。厌氧和微量需氧的乳酸菌自身缺乏有效的细胞除氧机制，在有氧条件下生长时会产生对细胞有害的过氧化物，累积在细胞中最终会导致细胞因氧化损伤而死亡[63]。*Bolduc* 等[64]研究发现益生菌产品中的氧会对双歧杆菌的生长产生显著抑制作用。为了保护益生菌不受氧的侵害，可以采取一些措施来降低乳制甜点中的氧含量，可以在配方中添加抗氧化剂和除氧剂（如抗坏血酸、谷胱甘肽等），也可以使用真空包装和对氧气渗透性低的包装材料,并控制生产过程中的氧含量,这样可以使溶解氧的含量达到最小值。

2.3 不同菌株组合对益生菌活性的影响

在乳制甜点中使用不同组合的菌株,能改善产品的风味及口感,提升产品的营养价值,但有时微生物间的相互作用也会影响产品的稳定性[65]。为确保生产的益生菌产品能够达到预期的效果,测定产品中菌株在各个阶段的稳定性显得尤为重要。Correa[30]等在一项椰肉馅饼的实验中发现,当双歧杆菌与干酪乳杆菌混合使用时,干酪乳杆菌的存在不会对双歧杆菌的数量产生影响,但双歧杆菌的存在会对干酪乳杆菌的增殖产生抑制作用。说明这两种益生菌之间不存在有益的交互作用。Helland[26]等研究发现,牛奶布丁中添加的 *L. acidophilus* LA-5 和 *B. animalis* BB-12 之间存在有益的交互作用,添加单一菌株的产品的活菌浓度大约在 8 log CFU/g,而添加了混合菌株的产品中的活菌浓度达到了 9 log CFU/g。

2.4 益生菌添加方式对益生菌活性的影响

益生菌的添加方式对乳制甜点的活菌数具有重要的影响。目前市面上的益生菌菌种大部分是以直投式发酵剂的形式存在,乳制甜点中虽然存在利于其生长的各种营养成分,如蔗糖、蛋白质和多肽等,但如果不对益生菌发酵剂进行一定的活化处理,制成的益生菌甜点在冷藏过程中,其益生菌活性还是会严重下降。为了提高产品在加工及储藏期间的益生菌活菌数,必须对益生菌发酵剂进行活化培养,确保菌种的添加量在 $10^7 \sim 10^9$ CFU/g[66]。

Buriti 等[59]在生产含有果汁或者果肉的牛奶慕斯时,先将 *L. acidophilus LA*-5 接种到 20 mL 的变性牛奶中,在 37℃发酵 2.5 h 后,将发酵牛乳培养物添加到经过巴氏灭菌并冷却的慕斯混合液中,制得的慕斯中的益生菌浓度为 6.5~7 log CFU/g。Correa 等[30]将 *Bifidobacterium lactis* BL-04 和 *Lactobacillus paracasei* subsp. *paracasei* LBC 82 添加到 20 mL 牛奶中进行单菌株培养和混菌培养后,分别添加到椰果馅饼中,产品在 5℃保存期间活菌数达到 6~7 log CFU/g。

Magarinos 等[55]将 *Lactobacillus casei* Shirota 和 *B. animalis* BB-12 的培养物各 2 g 分别加入到含有 0.05% L-盐酸半胱氨酸、2%葡萄糖和 1%酵母浸膏的 60 mL 牛奶中进行培养,培养温度分别为 38℃和 32℃,使其 pH 值降低到 5.0,需要的培养时间分别为 1.25±0.05 h 和 3.12±0.10 h,此时菌株浓度分别为 9.17 log CFU/g 和 9.54 log CFU/g。将上述培养物添加到乳制甜点中,产品中活菌数都保持在 10^8 CFU/g 以上,且在 5℃保存 14 d 时菌液浓度始终维持在 10^8 CFU/g 以上。Helland 等[26]在益生菌牛奶布丁的生产中,将布丁液灭菌冷却后,加入活化好的益生菌在 37℃培养 12 h 后,冷却使产品凝固成冻后在 4℃~6℃保存。结果表明经过 37℃发酵处理 12 h 的产品的活菌数比未发酵处理的产品明显增高,达到了 7~9 log CFU/g。

第三节 益生菌甜点中菌株活性的保护策略

益生菌是指摄取一定剂量后能够对人体健康发挥有益作用的

活性微生物，其发挥益生作用的首要前提是保持菌株的活性，并提高其在人体肠道中的定植能力。FAO/WHO 建议益生菌功能性食品中的益生菌活菌数应不低于 10^6 CFU/g[67]。然而，大多数益生菌对不良环境的耐受力差，在食品加工过程中会受到食品配料、温度、氧、机械压迫等因素的影响，进入人体消化道后会受胃酸、胆盐和酶的作用使活菌数显著降低，从而降低了益生菌的功能特性[68]。

近年来，如何提高功能性食品中益生菌对不良环境的耐受能力，以及采用适当的保护措施提高益生菌食品中的活菌数已成为人们研究的热点。纵观国内外有关益生菌活性保护策略的研究，目前研究较多的方法有添加益生元、微胶囊包埋、菌株预处理、菌株组合、生产工艺和包装技术改进等[69]。下面我们来分析益生菌的活性保护策略，以期为乳制甜点生产过程中提高菌株活性，改善产品的功能性提供理论支撑。

1. 添加保护剂

目前，报道过的对发酵乳制品中益生菌活性具有保护作用的成分有低聚糖、菊粉、葡萄糖、乳清蛋白水解物、乳清蛋白浓缩物、L-半胱氨酸、葡萄糖酸钙、葡萄糖酸钠和乙酰葡糖胺等[70-73]。这些功能性强化成分既可以作为能源物质促进益生菌在乳制甜点中生长繁殖，还可以提高益生菌对人体消化道的耐受能力，使其高效地发挥益生功能。

1.1 菊粉

菊粉是目前发酵乳制品及甜点中使用最广泛的益生元成分，

同时又可作为脂肪替代品使用[74]。菊粉（Inulin），又称菊糖，是一种从天然植物（菊苣、菊芋）中提取的多糖物质，是果糖分子的线性聚合物，由 D-呋喃果糖分子经 β（2→1）糖苷键连接而成，其末端通常含有一个葡萄糖基，聚合度（DP）通常为 2～60。其聚合度大小主要受生产工艺及原料来源影响[75]。根据聚合度不同分为三种类型的菊粉，即短链菊粉（DP≤10）、长链菊粉（DP≥23）和天然菊粉（DP 为 2～60）。[76]

菊粉作为一种可溶性膳食纤维，具有较多的生理功能：（1）菊粉在胃和小肠中不被消化吸收，能够选择性地促进结肠益生菌的生长，改善肠道菌群，抑制病源菌的生长[77]；（2）降低血脂，调节血糖；（3）促进钙、镁、铁等矿物质的吸收和维生素的合成，对骨健康有着积极作用[78]；（4）预防便秘和腹泻，增强机体免疫力；（5）减少肝脏毒素，抑制有害发酵产物，预防结肠癌；（6）热量低，可预防肥胖[79]。同时，菊粉具有独特的功能和营养特性，在食品工业中广泛应用。包括提高乳制品中益生菌的活力，用作包封材料，主要是亲脂性化合物；改善产品质地，作为脂肪替代品赋予产品脂肪般的口感；降低食品热能，延长食品货架期[80]。

菊粉具有平淡的中性味道，没有异味。这种成分用于甜品生产，特别是与水果配合使用时，可以改善甜点的口感和香味。同时，菊粉可以减少乳制甜点中由阿斯巴甜、乙酰磺胺酸钾和三氯蔗糖等甜味剂产生的余味，菊粉还可以促使风味均衡释放。在一项添加副干酪乳杆菌和菊粉的巧克力慕斯的研究中，Cardarelli 等[81]通过差异控制测试让受过训练的品尝者对慕斯进行评估。结果表明添加副干酪乳杆菌和菊粉的慕斯质地和口感显著地优于空白对照组。

菊粉可以作为脂肪替代物添加到乳制品甜点中，从而降低乳制甜点的脂肪含量，同时可以改善产品的质地、加工性能和营养价值。Cardarelli 等[81]研究发现在巧克力慕斯中添加 *L. paracasei* Subsp. *paracasei* LBC 82和菊粉后，其在4±1℃储存28 d期间的硬度和黏附性显著增大，说明菊粉可以增加巧克力慕斯结构的稳定性。Buriti 等[82]用长链菊粉和 WPC 代替添加了 *L. acidophilus* LA-5的番石榴慕斯中的奶油，结果表明，在4±1℃储存28 d期间，添加2%的菊粉和 WPC 使慕斯硬度增加，内聚性降低。Torres 等[83]研究发现在全脂和脱脂牛奶制备的乳制甜点中添加长链菊粉，会使产品在4±1℃储存期间的硬度增加。Gonzalez 等[84]研究发现用脱脂牛奶和长链菊粉代替全脂牛奶来制备乳制甜点，其流变特性和感官特性无显著性差异。

菊粉具有膳食纤维和低聚糖的功能，能够提高益生菌甜点在储藏期间及摄入人体后的益生菌存活率[85-86]，常被用于益生菌甜点的加工。Buriti 等[82]研究发现，在制备益生菌番石榴慕斯时，用菊粉全部或部分替代乳脂，提高了慕斯暴露于体外模拟胃肠道条件下 *L. acidophilus* LA-5 的存活率。Trujillo-de 等[87]研究表明在益生菌华夫饼中添加一定比例的菊粉，可以提高 *B. infantis* ATCC 17930 和 *L. acidophilus* ATCC 521 在55℃加热干燥2.66 h后的存活率。而 Aragon-Alegro 等[24]观察到添加或不添加菊粉对巧克力慕斯中的 *L. paracasei* subsp. *paracasei* LBC 82 活菌数变化影响不大，在4℃储存28 d期间，慕斯中的活菌数均高于7 log CFU/g。

1.2 低聚果糖

陈合等[88]研究发现菊糖、低聚果糖、低聚异麦芽糖、低聚木糖和低聚半乳糖都可促进乳酸菌生长,对乳酸菌起保护作用,其中菊糖和低聚果糖效果最佳。胡珊等[89]分别添加2%的葡萄糖、低聚半乳糖、低聚果糖和菊粉于培养基中培养副干酪乳杆菌R8,发现添加2%菊粉效果最佳,活菌数达$1.7×10^9$ CFU/mL。湿杏仁粉和谷物中的葡聚糖也被证明是很好的提高双歧杆菌活力的益生元类物质[90]。

1.3 乳清蛋白

乳清是干酪或干酪素生产的副产品,由于加工方法的不同,有蛋白浓度从34%~90%的系列乳清浓缩蛋白[91]。乳清蛋白主要由α-乳白蛋白、β-乳球蛋白、牛血清白蛋白、免疫球蛋白等组成,另外还含有一些具有生物活性的微量成分,包括乳铁蛋白、乳过氧化物酶、溶菌酶、酪蛋白巨肽、脂肪球膜蛋白、生长因子等。乳清蛋白作为营养强化剂和组织改良剂添加到食品中,对提高产品营养价值和品质特性有非常重要的作用[92]。Buriti等[82]研究发现在益生菌番石榴慕斯中添加WPC可以显著提高产品储存期间 *L. acidophilus* LA-5 的菌株活性,添加WPC的产品在4±1℃储藏28 d的活菌数超过6.24 log CFU/g,而不含WPC的对照组在28 d时 *L. acidophilus* LA-5 的数量至少会降低2个对数级。Huang等[93]向培养基中添加了20%~30%的甜乳清粉,分别培养德式乳杆菌BL 23和费氏丙酸杆菌ITG P20,喷雾干燥后菌株的活性和存活率不但没有因为高渗透胁迫而下降,反而均有所上升。这是因为乳清蛋白可以降低食品基质的氧化还原电位,同时可以增加其 pH 值缓冲能力,从而对益生菌的生长具有显著的保护作用。

2. 微胶囊包埋技术

微胶囊包埋是用特殊手段将需要包被的物质包裹在微小封闭的聚合物薄膜中形成 1~500μm 微胶囊的技术[94]。其中被包埋的物质称为芯材,而包裹在外层的物质称为壁材。将益生菌用微胶囊包埋后可以起到很好的保护作用,从而增强菌体对外界不良环境的抵抗力,显著提高菌体的存活率,并使其在肠道中定植,充分发挥其益生功能[95]。一方面,微胶囊化处理可减少噬菌体和其他不利因素对有益菌的损伤,增加冷冻干燥、冷冻、储藏过程中菌种的存活率;另一方面,包埋的壁材可以与细胞相结合,控制其在机体内的靶向释放,进入机体后进一步被消化酶消化产生活性肽类物质,供给菌株生长所需的营养成分[96]。Talebzadeh 等[97]研究了将嗜酸乳杆菌用微胶囊技术包埋后,添加到果冻甜点中,发现果冻冷藏 42 d 后的活菌数仍保持在 10^6 CFU/g 以上。Homayouni 等[98]用抗性淀粉和海藻酸钠-钙为壁材包埋 *B. lactis* BB-12 和 *L. casei* LC-01,将其制得的微胶囊应用于低温储藏的冰淇淋中,研究微胶囊化益生菌的存活性。结果表明,由添加了抗性淀粉制得的微胶囊能够在低温下很好的保护益生菌,并且不影响冰淇淋的风味和口感,提升了微胶囊的耐胃酸能力,增强了乳酸菌在肠道中的定植能力。

Cheow 等[99]利用蜡质玉米淀粉包埋鼠李糖乳杆菌,提高了其在冷冻干燥条件下的耐受性和储藏过程中的活菌数。Chaikham 等[100]将多种不同的泰国香草提取物分别加到包埋壁材中,制成乳酸菌发酵剂用于酸奶发酵,产品在不同的储存时间段的其活菌数均有所上升。Eratte 等[101]将 w-3 型油脂加入包埋壁材,用于制作乳酸菌微胶囊,发现可以显著提高乳酸菌的抗氧化能力和发酵活力。

3. 菌株预处理

大量研究表明,细菌在处于非致死性胁迫环境时会诱导增强对同类胁迫及其他胁迫的耐受能力,产生交互适应效应。交互适应效应提高了菌株对不利环境的耐受能力,因而受到广泛关注[102]。研究者利用这一原理,采用预胁迫处理来提高乳酸菌的胁迫耐受能力[103]。将益生菌预先暴露在较温和(非致死性)的酸胁迫环境中进行酸适应,随后其在致死性的酸胁迫环境中可以生长存活的能力即为酸性应激。刘怀龙等[104]研究证实酸应激可以增强益生菌在胃液中的耐受性,使其能保持较高的活性并到达小肠,从而更好地发挥其益生特性。Saarela 等[105]研究发现乳酸菌在高温环境会应激产生热激蛋白(HSP),热激蛋白的产生可以增强乳酸菌在此高温环境下的耐热性。Kandil 等[106]研究发现温度预处理能够提高菌株的低温耐受性,其主要原因是不同温度下菌株的酶构象和活性的改变。

薛峰等[107]以干酪乳杆菌典型株 ATCC 393TM(*Lactobacillus casei* ATCC 393 TM)为实验菌株,研究其在胁迫环境中的耐受能力,研究表明采用酸预胁迫处理菌株可以显著提高菌株在热和氧致死胁迫环境中的耐受能力。陈旭娇等[108]对 *Lactobacillus rhamnosus grx*19 的热应激作用进行了研究，发现 L. rhamnosus grx19 在 65℃和72℃的 D 值分别为 48.5 和 25.3，该菌在脱脂乳中经10 h 培养后，在 52℃热激 60 min，菌株在 72℃/15 s 热处理的存活率从未经热应激处理的 46.0%提高到 56.0%。

Chen 等[109]研究了热、冷、酸和胆盐胁迫对克氏乳杆菌 M1 耐受性的影响，研究表明克氏乳杆菌 M1 对热、冷、酸和胆盐的适应诱导了同种耐受性和对异源胁迫的交叉保护。Firuze 等[110]运用冷、热胁迫预处理嗜酸乳杆菌 DSM 20079，然后将其加入冰淇淋中，研究发现，经 4℃冷胁迫 18 h 的嗜酸乳杆菌DSM 20079 在冰淇淋中的活菌数下降率最低，说明冷适应条件提高了样品中嗜酸乳杆菌DSM 20079的稳定性，但改善幅度较小。

4. 菌株组合

由于单个益生菌发酵常常不能满足发酵乳制品对感官品质和功能特性的双重需求，所以常会将其与其他乳酸菌进行组合后发酵，被称为"辅助培养"。且单一的益生菌在发酵乳制品中如果生长太缓慢，或者产酸速度慢都会增加有害微生物生长的风险。因此，在益生菌乳制甜点的生产中，可以选择具有协同作用的益生菌进行混合发酵。目前使用较多的益生菌主要包括乳酸杆菌和双歧杆菌，双歧杆菌属于严格的厌氧菌，由于慕斯中掺入了打发的稀奶油，因而具有较高的氧含量，所以目前还很少有报道在益生菌慕斯中添加双歧杆菌的，而在其他类甜点中有报道。Correa[30]等在椰子馅饼的馅心中添加了乳酸杆菌 *L. paracasei* subop.

paracasei LBC 82 和双歧杆菌 BL-04，发现其活菌数比只添加了单个菌株的高。Fernandes 等[50]研究在乳制甜点中同时接种 *L. acidophilus* LA-5 和无害的 *Listeria innocua*，发现使用了混合菌株的乳制甜点在冷藏 28 d 期间 pH 值略有升高，这是因为 *Listeria innocua* 分解蛋白质的代谢产物抵消了 *L. acidophilus* LA-5 产生的乳酸，从而使产品保持较低的酸度。

5. 生产工艺

乳制甜点加工过程的生产工艺条件都会对益生菌的活性产生影响，例如接种工艺、发酵温度和时间、储藏温度和时间、高压均质等[111]。在进行不同种类乳制甜点的生产时，菌株的添加方式可以采用活化后接种、单独发酵后接入和接种后混合发酵的方法。此外，接种量也会影响甜点中的益生菌生存能力和最终产品的感官品质。不同发酵剂的混合比率是一个关键因素，产酸较快的菌株会对其他益生菌的生长产生抑制作用，同时影响产品的感官品质，因此需要根据菌株的生长速率和产酸能力选择适当的混合比例。

此外，不同的益生菌菌株的最适宜生长温度也不同，如嗜酸乳杆菌可在 45℃ 条件下生长，但其最适温度为 40℃~42℃，双歧杆菌最适生长温度为 37℃~41℃，嗜热链球菌的最适生长温度为 42℃~45℃。因此采用益生菌组合共同发酵时需要选择适宜的温度条件和储藏温度，以确保产品中保持较高的活菌数。储藏过程中温度的上下浮动也会导致益生菌胞内冰晶的形成以及重结晶效应，使得益生菌细胞破裂，降低其活性，因此应尽量保证储藏温度不要上下波动。

6. 包装技术

采用恰当的包装技术和材料是决定益生菌甜点储藏时间和产品品质的重要因素[112]。采用无氧包装或充气包装，可以降低活性氧对甜点中益生菌的影响。玻璃容器、聚丙烯、聚乙烯等高分子材料具有较好的密封性，可以抑制氧气的渗透，有益于保持菌株的活性。

第四节 新型功能性甜点
——益生菌乳制甜点的市场前景

益生菌乳制甜点具有较好的风味和口感，又具有较高的营养价值和特殊的功能特性，是具有良好发展前景的功能性食品。随着人们生活水平和健康意识的不断提高，具有益生特性的乳制甜点必将成为未来功能性食品市场的主打产品。开展益生菌乳制甜点的研究与开发，对我国乳制品产业结构调整，引领普通食品的功能化，具有十分重要的现实意义和深远影响。

1. 市场需求分析

随着社会进步和科技发展，人类健康状况也发生了重大变化。传统危害人类健康的传染病被逐渐控制，取而代之的是各类慢性疾病及亚健康。据世界卫生组织（WHO）一项全球性预测表明，目前真正健康的人仅占5%，患有疾病的人占20%，而75%的人群处于亚健康状态；中国处于亚健康状态人口约有7亿人，并呈逐年上升的趋势。《2050中国发展路线图》将普惠健康保障体系作为影响中国经济社会发展的基础战略之一。"预防前移、重心下移"，预防疾病及防止亚健康成为建设普惠健康保障体系的重要内容[113]。

近年来，随着现代营养学、预防医学、临床医学和肠道保健理论的发展，具有特定生理功能，并有益于人体健康的新型益生菌及其制品的研究与开发，取得了巨大的发展[114]。功能性是当下或未来食品工业发展的必然趋势，因为它符合了消费者对健康生活方式的追求，而功能性乳制甜点借助于乳制品的快速发展更是展现出了强大的市场号召力。益生菌乳制甜点作为新型功能性食品，符合现代人的健康消费理念，适合不同地域、年龄、层次消费者的饮食习惯和口味，具有广阔的市场空间。

目前，我国乳品行业的市场需求主要体现在：品种的多样性、产品的保健性、品质的安全性和食用的方便性等。但就我国的乳品行业的生产现状来看，目前的产品品种远不能满足消费者的需求，我国的乳品加工技术明显滞后于市场需求。而随着生活水平的不断提高，天然的、高品质的益生菌甜点产品会越来越受到消费者的青睐。因此围绕以安全、营养、功能和口感特性为基础，将益生菌、牛乳的营养与功能特性结合的基础上，发挥益生菌功能特性的益生菌甜点深加工关键技术的研究与新产品开发，是乳品工业得以发展和增强企业综合竞争力的重要举措。

2. 预期的经济社会效益分析

利用现代营养学和饮食保健理论最新成果,结合现代生物技术,开展新型功能性益生菌甜点产品的研究与开发,能够满足人们日益增长的消费需求。益生菌乳制甜点的开发与推广,可以改善我国发酵乳制品市场品种单一的现状,对于产业结构调整,引领普通食品的功能化,具有十分重要的现实意义,也会对产业发展带来积极的影响。

2.1 经济效益分析

新型益生菌乳制甜点的生产与开发,可填补我国益生菌甜点加工技术的空白,也为焙烤食品和餐饮行业的工艺改进和产品创新提供新思路,具有广阔的市场前景。益生菌甜点项目可直接向生产企业进行成果转化。目前,据市场调查,每份乳制甜点产品市场售价在5~8元,而添加了益生菌发酵乳或菌粉的益生菌甜点价格可以卖到8~12元,其价格在国外可达到15~20元,产品价值增加了50%~100%。预测益生菌甜点投产后,可使年生产能力达到千吨的企业,年创产值达上亿元。

2.2 社会效益分析

高品质新型益生菌甜点产品的开发,一是促进了乳品销售,带动牧草种植、奶牛饲养,推动优质奶源基地建设,对于促进我国地方经济的发展具有重要意义。二是有利于调整劳动力就业结构。奶业属于劳动密集型产业,能够容纳大量劳动力,发展奶业可促使种植业的劳动力向奶牛养殖业转移，进而向食品加工业和第三产业转移，减少农业人口，促进农民增收，增加农民就业机会。三是益生菌甜点的研制，可使处于"全民亚健康时代"的人们在选择健康、安全的功能性食品市场上有了更广泛的选择，满足消费者对健康食品日益增长的需求。

2.3 竞争力分析

目前，益生菌甜点产品在国内市场仍处于起步阶段，由于产品在营养、功能、口味、性能、品质、技术和市场空间等方面都具有较好的优势，因此具有较强的市场竞争力。在益生菌功能性食品市场调研的基础上，确定益生菌乳制甜点可作为一种新型的功能性食品。

江苏省乳品生物技术与安全控制重点实验室益生菌乳制甜点研究立足于江苏省，面向全国及国际市场，服务于乳品加工企业、甜点烘焙企业、餐饮企业及相关联的包装行业、机械产业等。其作为江苏省乳制品研发、加工与安全控制的技术与服务平台，为益生菌甜点及相关的行业提供新技术、新产品，做好企业的培训和服务，更好地促进企业的技术升级和产业结构调整，促进乳品行业的快速发展，增加奶业生产的比较效益，提高资源的利用效率，继而带动种植、养殖、加工的发展，促进"三农"问题的解决。

2.4 预期应用和产业化前景分析

随着益生菌乳制甜点技术的进一步完善、各项技术的集成应用，将为企业、为社会带来相当可观的效益。益生菌甜点的开发和生产可以丰富我国发酵乳产品的种类，提高发酵乳产品的科技含量和功能特性，增强产品竞争力。益生菌甜点的研究对于促进发酵乳功能性食品的发展是一个重要推动，使我国普通乳品功能化获得重要竞争力。

益生菌甜点作为一种新型的功能性食品，产品附加值较高，通过产品种类的丰富、技术的进一步完善，结合良好生产规范的应用，其未来市场空间较广，具有较好的消费者吸引力，能够实现预期经济效益。

2.5 风险分析

益生菌甜点的生产实施风险主要是产品质量和市场营销水平，降低风险的措施如下：

（1）产品质量是企业和产品生存的基础，技术是企业生存的源泉。严格把好质量关，按照 HACCP（Hazard Analysis Critical Control Point）体系进行工艺生产。保证产品质量的安全生产，做到不合格原料不入库，不合格产品不出厂。创自己的品牌，把市场做实做大，把风险降到最低。

（2）不断加强对产品的创新和使用现代高新技术，不断开发新产品，以充实企业的实力。使产品不断创新，质量求实求稳。

（3）企业应以高起点进行生产管理，不断充实和提高管理者及生产技术人员的业务水平，向管理要效益，以技术求发展。

本章参考文献

[1] 陈霞,王娜,包一枫,等. 益生菌乳制甜点的开发与研究现状[J]. 美食研究, 2017, 34 (2): 47-52.

[2] TARREGA A, COSTELL E. Colour and consistency of semi-solid dairy desserts: Instrumental and sensory measurements [J]. Journal of Food Engineering, 2007, 8 (2): 655-661.

[3] PRABHASANKAR P. Prebiotics: Application in Bakery and Pasta Products [J]. Critical Reviews in Food Science & Nutrition, 2014, 54 (4): 511-522.

[4] ARES G, GIMENEZ A, GAMBARO A. Influence of nutritional knowledge on perceived healthiness and willingness to try functional foods [J]. Appetite, 2008 (51): 663-668.

[5] BURITI FC, SAAD SM. Chilled milk-based desserts as emerging probiotic and prebiotic products [J]. Critical Reviews in Food Science & Nutrition, 2014, 54 (2): 139-150.

[6] FAO W. Health and Nutritional Properties of Probiotics in Food including Powder Milk with Live Lactic Acid Bacteria [J]. Report of a joint FAO/WHO expert consultation, 2001.

[7] HILL C, GUARNER F, REID G, et al. The International Scientific Association for Probiotics and Prebiotics consensus statement on the scope and appropriate use of the term probiotic [J]. Nature

Reviews Gastroenterology & Hepatology, 2017, 11 (8): 506-514.

[8] DONG H, ROWLAND I, TUOHY K M, et al. Effects of *Lactobacillus casei* Shirota on immune function [J]. Proceedings of the Nutrition Society, 2010, 69 (3): 21-24.

[9] GOBBETTI M, CAGNO RD, DE ANGELIS M. Functional Microorganisms for Functional Food Quality [J]. Critical Reviews in Food Science and Nutrition. 2010, 50 (8): 716-727.

[10] FOTIADIS CI, STOIDIS CN, SPYROPOULOS BG, et al. Role of probiotics, prebiotics and synbiotics inch chemoprevention for colorectal cancer [J]. World J Gastroenterol, 2008, 14 (42): 6453-6457.

[11] 李妍, 张兰威. 几株乳酸菌益生潜力及降胆固醇的研究 [J]. 微生物学通报, 2007, 34 (6): 1146-1149.

[12] YADAV H, JAIN S, SINHA PR. Antidiabetic effect of probiotic dahi containing *Lactobacillus acidophilus* and *Lactobacillus casei* in high fructose fed rats [J]. Nutrition, 2007, 23 (1): 62-68.

[13] AMEKAR S, SINGH V, KUMAR A, et al. *Lactobacillus casei* and *Lactobacillus acidophilus* regulate inflammatory pathway and improve antioxidant status in collagen-induced arthritic rats [J]. Journal of Interferon & Cytokine Research the Official Journal, 2012, 33 (1): 1-8.

[14] MARTIN FP, WANG Y, SPRENGER N, et al. Probiotic modulation of symbiotic gut microbial-host metabolic interactions in a humanized microbiome mouse model [J]. Molecular Systems Biology,

2008, 157 (4): 1-15.

[15] SANTOSA S, FARNWORTH E, JONES PJ. Probiotics and their potential health claims [J]. Nutrition Reviews, 2006, 64 (6): 265-274.

[16] GILLIAN E G, CHRISTINE H, MIREN L. et al. Oral administration of the probiotic combination *Lactobacillus rhamnosus* GR-1 and *L. fermentum* RC-14 for human intestinal applications [J]. International Dairy Journal, 2002, 12 (2-3): 191-196.

[17] COZZOLINO F, LECCE L, FRISULLO P, et al. Functional Food: Product Development and Health Benefits [J]. Recent Patents on Engineering, 2012, 6 (1): 2-19.

[18] JANKOVIC I, SYBESMA W, PHOTHIRATH P, et al. Application of probiotics in food products challenges and new approaches [J]. Current Opinion in Biotechnology, 2010, 21 (2): 175-181.

[19] OUWEHAND A C, KIRJAVAINEN P V, SHORTT C. Probiotics: mechanisms and establish effects [J]. International Dairy Journal, 1999, 9: 43-52.

[20] CHAMPAGNE C P, ADRIANO G D C, MONICA D, et al. Strategies to improve the functionality of probiotics in supplements and foods [J]. Current Opinion in Food Science, 2018, 22 (8): 160-166.

[21] WHELAN K, MYERS C E. Safety of probiotics in patients receiving nutritional support: A systematic review of case reports, randomized controlled trials, and nonrandomized trials [J]. Ameri-

can Journal of Clinical Nutrition, 2010, 91 (3): 687-703.

[22] LABENSKY SR, PRISCILLA AM, EDDY VD. On baking: a textbook of baking and pastry fundamentals [M]. Pearson Education Inc, 2013.

[23] BURITI FCA, CASTRO IA, SAAD SMI. Viability of *Lactobacillus acidophilus* in synbiotic guava mousses and its survival under in vitro simulated gastrointestinal conditions [J]. International Journal of Food Microbiology. 2010, 137 (2-3): 121-129.

[24] ARAGON-ALEGRO LC, ALEGRO JHC, CARDARELLI HR, et al. Potentially probiotic and synbiotic chocolate mousse [J]. LWT-Food Science and Technology, 2007, 40 (4): 669-675.

[25] 郑霞, 蒋文真, 张多敏. 牛奶甜点——奶油布丁的研制 [J]. 中国乳品工业, 2006, 34 (3): 24-25.

[26] HELLAND MH, WICKLUND T, NARVHUS JA. Growth and metabolism of selected strains of probiotic bacteria in milk- and water-based cereal puddings [J]. International Dairy Journal, 2004, 14 (11): 957-965.

[27] OZCAN T, YILMAZ-ERSAN L, AKPINARBAYIZIT A, ET AL. Viability of *Lactobacillus acidoilus* LA-5 and *Bifidobacterium bifidum* BB-12 in rice pudding [J]. Mljekarstvo, 2010, 60 (2): 135-144.

[28] 黄晓庆, 钟秀娟. 可吸型含发酵乳果冻的研制 [J]. 现代食品科技, 2012, 28 (1): 82-90.

[29] ALISSON SDS, EDSON RH, OSNEY MI, et al. Viability of *Lactobacillus casei* in chocolate flan and its survival to simulated

gastrointestinal conditions [J]. Semina Ciencias Agrarias, 2012, 33 (Supl2): 3163-3170.

[30] CORREA SBM, CASTRO IA, SAAD SMI. Probiotic potential and sensory properties of coconut flan supplemented with *Lactobacillus paracasei* and *Bifidobacte-rium lactis* [J]. International Journal of Food Science & Technology. 2008, 43 (9): 1560-1568.

[31] HOMAYOUNI A, AZIZI A, EHSANI MR, et al. Effect of microencapsulation and resistant starch on the probiotic survival and sensory properties of synbiotic ice cream [J]. Food Chemistry, 2008, 111 (1): 50-55.

[32] 宋士良,刘彦燕,方曙光. 益生菌在冰淇淋上的应用 [J]. 中国食品添加剂, 2011, 3: 197-200.

[33] 孙雪姣,王一然,丁瑞雪,等. 益生菌火龙果酸奶冰淇淋的研发 [J]. 中国乳品工业, 2018, 46 (12): 49-52.

[34] 马雪,裴卓,于永淳. 一种猕猴桃酸奶冰淇淋的研制 [J]. 食品研究与开发, 2019, 6 (12): 116-122.

[35] NEVZAT KONAR, OMER SAID TOKER, SIRIN OBA, et al. Improving functionality of chocolate: A review on probiotic, prebiotic, and/or synbiotic characteristics [J]. Trends in Food Science & Technology, 2016, 49 (1): 35-44.

[36] POSSEMIERS S, MARZORATI M, VERSTRAETE W, et al. Bacteria and chocolate: A successful combination for probiotic delivery [J]. International Journal of Food Microbiology, 2010, 141 (1-2): 97-103.

[37] SILVANI V, CLARISSA B, MARILIA M, et al. Evalua-

tion of the interaction between microencapsulated *Bifidobacterium* BB-12 added in goat's milk Frozen Yogurt and *Escherichia coli* in the large intestine [J]. Food Research International, 2020, 167: 1-9.

[38] ALFARO L, HAYES D, BOENEKE C, et al. Physical properties of a frozen yogurt fortified with a nano-emulsion containing purple rice bran oil [J]. LWT - Food Science and Technology, 2015, 62 (2), 1184-1191.

[39] 宋士良, 刘彦燕, 方曙光. 益生菌在冰淇淋上的应用 [J]. 中国食品添加剂, 2011, 3: 197-200.

[40] 马瑞芬, 李楠. 配方和工艺条件对冷冻酸奶冰淇淋益生菌活菌数的影响 [J]. 中国食品添加剂, 2020, 1: 48-52.

[41] DOUGLAS LC, SANDERS ME. Probiotics and prebiotics in dietetics practice [J]. Journal of the American Dietetic Association, 2008, 108 (3): 510-521.

[42] ROSS RP, MILLS S, HILL C, et al. Specific metabolite production by gut microbiota as a basis for probiotic function [J]. International Dairy Journal, 2010, 20 (4): 269-276.

[43] WHELAN K, MYERS C E. Safety of probiotics in patients receiving nutritional support: A systematic review of case reports, randomized controlled trials, and nonrandomized trials [J]. American Journal of Clinical Nutrition, 2010, 91 (3): 687-703.

[44] ROSS RP, MILLS S, HILL C, et al. Specific metabolite production by gut microbiota as a basis for probiotic function [J]. International Dairy Journal, 2010, 20 (4): 269-276.

[45] COMAN MM, CECCHINI C, VERDENELLI MC, et

al. Functional foods as carriers for SYNBIOR, a probiotic bacteria combination [J]. International Journal of Food Microbiology, 2012, 157 (3): 346-352.

[46] CFIA (Canadian Food Inspection Agency). Guide to food labelling and advertising. Probiotic Claims. Available from http://www.inspection.gc.ca/english/fssa/labeti/guide/ch8ae.shtml. Accessed: Mar. 4, 2011.

[47] FARNWORTH ER. The evidence to support health claims for probiotics [J]. Journal of Nutrition. 2008, 138 (138): 1250-1254.

[48] 陈霞, 杨振泉, 黄玉军, 等. 乳酸菌环境胁迫应激的分子调控机制研究进展 [J]. 中国乳品工业, 2011, 39 (1): 34-37.

[49] HAISSA R C, SAAD SMI, GLENN R G, et al. Functional petit-suisse cheese: Measure of the prebiotic effect [J]. Anaerobe, 2007, 13 (5-6): 200-207.

[50] FERNANDES MS, CRUZ AG, ARROYO DMD, et al. On the behavior of *Listeria innocua* and *Lactobacillus acidophilus* co-inoculated in a dairy dessert and the potential impacts on food safety and product's functionality [J]. Food Control, 2013, 34 (2): 331-335.

[51] ARAGON-ALEGRO LC, ALEGRO JHC, CARDARELLI HR, et al. Potentially probiotic and synbiotic chocolate mousse [J]. LWT-Food Science and Technology, 2007, 40 (4): 669-675.

[52] HEATH H. Flavours in food products-An art or a science?

[J] . Nutrition & Food Science, 2013, 81: 12-14.

[53] 刘文俊,张和平. 发酵乳中的主要风味物质及其代谢合成途径和关键功能基因 [J] . 中国科技论文, 2016, 12: 1391-1397.

[54] CARDARELLI HR, ARAGON-ALEGRO LC, ALEGRO JHA, et al. Effect of inulin and *Lactobacillus paracasei* on sensory and instrumental texture properties of functional chocolate mousse [J] . Journal of the Science of Food & Agriculture, 2008, 88 (8): 1318-1324.

[55] MAGARINOS H, CARTES P, FRASER B, et al. Viability of probiotic micro-organisms (*Lactobacillus casei Shirota* and *Bifidobacterium animalis subspp. lactis*) in a milk-based dessert with cranberry sauce [J] . International Journal of Dairy Technology, 2008, 61 (1): 96-101.

[56] ROMANO A, BLAIOTTA G, CERBO AD, et al. Spray-dried chestnut extract containing *Lactobacillus rhamnosus* cells as novel ingredient for a probiotic chestnut mousse [J] . Journal of Applied Microbiology, 2014, 116 (6): 1632-1641.

[57] VINDEROLA CG, COSTA GA, REGENHARDT S, et al. Influence of compounds associated with fermented dairy products on the growth of lactic acid starter and probiotic bacteria [J] . International Dairy Journal, 2002, 12 (7): 579-589.

[58] NUALKAEKUL S, CHARALAMPOPOULOS D. Survival of *Lactobacillus plantarum* in model solutions and fruit juices [J] . International Journal of Food Microbiology, 2011, 146 (2): 111-

117.

[59] BURITI FCA, KOMATSU T R, SAAD SMI. Activity of passion fruit (Passiflora edulis) and guava (Psidium guajava) pulps on *Lactobacillus acidophilus* in refrigerated mousses [J]. Brazilian Journal of Microbiology, 2007, 38 (38): 315-317.

[60] KAILASAPATHY K, HARMSTORF I, PHILLIPS M. Survival of *Lactobacillus acidophilus* and *Bifidobacterium animalis ssp. lactis* in stirred fruit yogurts [J]. LWT - Food Science and Technology, 2008, 41 (7): 1317-1322.

[61] GUTIERREZ J, BARRY-RYAN C, BOURKE P. Antimicrobial activity of plant essential oils using food model media: Efficacy, synergistic potential and interaction with food components [J]. Food Microbiology, 2009, 26 (2): 142-150.

[62] SERRAZANETTI DI, GUERZONI ME, CORSETTI A, et al. Metabolic Impact and Potential Exploitation of the Stress Reactions in Lactobacilli [J]. Food Microbiology, 2009, 26 (7): 700-711.

[63] MOZZETTI V, GRATTEPANCHE F, MOINE D, et al. New method for selection of hydrogen peroxide adapted bifidobacteria cells using continuous culture and immobilized cell technology [J]. Microbial Cell Factories, 2010, 9 (12): 60.

[64] BOLDUC MP, RAYMOND Y, FUSTIER P, et al. Sensitivity of bifidobacteria to oxygen and redox potential in non-fermented pasteurized milk [J]. International Dairy Journal, 2006, 16 (9): 1038-1048.

[65] KOMATSU TR, BURITI FCA, SAAD SMI. Overcoming hurdles through innovation, persistence and creativeness in the development of probiotic foods [J]. Revista Brasileira De Ciencias Farmaceuticas, 2008, 44 (3): 329-347.

[66] CHAMPAGNE CP, GARDNER NJ, ROY D. Challenges in the addition of probiotic cultures to foods [J]. Critical Reviews in Food Science & Nutrition, 2005, 45 (1): 61-84.

[67] TRIPATHI M K, GIRI S K. Probiotic functional foods: Survival of probiotics during processing and storage [J]. Journal of Functional Foods, 2014, 9: 225-241.

[68] FERRANDO V, QUIBERON, A I, REINHEMER J, et al. Resistance of functional *Lactobacillus plantarum* strains against food stress conditions [J]. Food Microbiology, 2015, 48: 63-71.

[69] GIBSON GR. From Probiotics to Prebiotics and a Healthy Digestive System [J]. Critical Reviews in Food Science & Nutrition, 2005, 45 (1): 61-84.

[70] Crittenden R, Weerakkody R, Sanguansri L, et al. Synbiotic microcapsules that enhance microbial viability during nonrefrigerated storage and gastrointestinal transit [J]. Applied and Environmental Microbiology, 2006, 72 (3): 2280-2282.

[71] CORCORAN B M, STANTON C, FITZGERALD G F, et al. Survival of probiotic lactobacilli in acidic environments is enhanced in the presence of metabolizable sugars [J]. Applied and environmental microbiology, 2005, 71 (6): 3060-3067.

[72] CARVALHO A S, JOANA S P H, TEIXEIRA P, et

al. Effects of Various Sugars Added to Growth and Drying Media upon Thermotolerance and Survival throughout Storage of Freeze-Dried *lactobacillus delbrueckii ssp. bulgaricus* [J]. Biotechnoligy progress. 2014, 20 (1): 248-254.

[73] MARTOS GI, MINAHK CJ, DE VALDEZ GF, et al. Effects of protective agents on membrane fluidity of freeze-dried *Lactobacillus delbrueckii* ssp. bulgaricus [J]. Letters in Applied Microbiology, 2007, 45 (3): 282-288.

[74] MEYER D, BAYARRI S, TARREGA A, et al. Inulin as texture modifier in dairy products [J]. Food Hydrocolloids, 2011, 25 (8): 1881-1890.

[75] REZA K, MOHAMMAD A H, MEHRAN G, et al. Application of inulin in cheese as prebiotic, fat replacer and texturizer: A review [J]. Carbohydrate Polymers, 2015, 30 (5): 85-100.

[76] ARCIA PL, COSTELL E, TARREGA A, et al. Inulin blend as prebiotic and fat replacer in dairy desserts: Optimization by response surface methodology [J]. Journal of Dairy Science, 2011, 94 (5): 2192-2200.

[77] BARCLAY T M. Ginic-Markovic P C, Petrovsky N et al. Inulin - a versatile polysaccharide with multiple pharmaceutical and food chemical uses [J]. Journal of Excipients & Food Chemicals, 2010, 1: 27-50.

[78] BOSSCHER D, JVAN L, FRANCK A. Inulin and oligofructose as functional ingredients to improve bone mineralization [J].

International Dairy Journal, 2006, 16 (9): 1092-1097.

[79] VILLEGAS B, COSTELL E. Flow behaviour of inulin-milk beverages. Influence of inulin average chain length and of milk fat content [J]. International Dairy Journal, 2007, 17 (7): 776-781.

[80] TARREGA A, COSTELL E. Effect of inulin addition on rheological and sensory properties of fat-free starch-based dairy desserts [J]. International Dairy Journal, 2006, 16 (9): 1104-1112.

[81] CARDARELLI H R, ARAGON-ALEGRO L C, ALEGRO J H A, et al. Effect of inulin and *Lactobacillus paracasei* on sensory and instrumental texture properties of functional chocolate mousse [J]. Journal of the Science of Food and Agriculture, 2008, 88 (8): 1318-1324.

[82] BURITI F C A, CASTRO I A, SAAD S M I. Effects of refrigeration, freezing and replacement of milk fat by inulin and whey protein concentrate on texture profile and sensory acceptance of synbiotic guava mousses [J]. Food Chemistry, 2010, 123 (4): 1190-1197.

[83] TORRES J D, TARREGA A, COSTELL E. Storage stability of starch-based dairy desserts containing long-chain inulin: Rheology and particle size distribution [J]. International Dairy Journal, 2010, 20 (1): 46-52.

[84] GONZALEZ T L, BAYARRI S, COSTELL E. Inulin-enriched dairy desserts: physicochemical and sensory aspects. [J].

Journal of Dairy Science, 2009, 92 (9): 4188-4199.

[85] TARREGA A, COSTELL E. Effect of inulin addition on rheological and sensory properties of fat-free starch-based dairy desserts [J]. International Dairy Journal, 2006, 16 (9): 1104-1112.

[86] KAUR N, GUPTA A K. Applications of inulin and oligofructose in health and nutrition [J]. Journal of Biosciences, 2002, 27 (7): 703-714.

[87] TRUJILLODE S G, SAENZCOLLINS C P, ROJASDE G C. Elaboration of a probiotic oblea from whey fermented using *Lactobacillus acidophilus or Bifidobacterium infantis* [J]. Journal of Dairy Science, 2012, 95 (12): 6897-904.

[88] 陈合, 宋雅娟, 王野, 等. 除氧剂及益生元对双歧杆菌BB01和BB28微胶囊化的影响 [J]. 食品与机械, 2014, 30 (1): 5-10.

[89] 胡珊, 黄皓, 梁卫驱, 等. 定向释放型乳酸菌微胶囊的制备 [J]. 广东农业科学, 2014, 5: 138-140.

[90] 党雪雅. 谷物β-葡聚糖体内外益生作用的研究 [D]. 郑州: 郑州轻工业学院, 2012.

[91] FLAVIA C A BURITI, CASTRO I A, SAAD S M I. Effects of refrigeration, freezing and replacement of milk fat by inulin and whey protein concentrate on texture profile and sensory acceptance of synbiotic guava mousses [J]. Food Chemistry, 2010, 123 (4): 1190-1197.

[92] MCCOMAS KA, GILLILAND J SE. Growth of Probiotic

and Traditional Yogurt Cultures in Milk Supplemented with Whey Protein Hydrolysate [J]. Journal of Food Science, 2003, 68 (6): 2090-2095.

[93] HUANG S, PIERRE S, GWENAEL J. Smart drying of probiotics: From molecular mechanisms to pilot scale production [J]. European Drying Conference: Euro Drying, 2017, 26 (6).

[94] PRABHASANKAR P. Prebiotics: Application in Bakery and Pasta Products [J]. Critical Reviews in Food Science & Nutrition, 2014, 54 (4): 511-522.

[95] 刘云. 长双歧杆菌BBMN68冻干微胶囊的制备及其稳定性的研究 [D]. 北京: 中国农业大学, 2014.

[96] 王森, 高东升, 李焘, 等. 海藻酸钠—壳聚糖双层微胶囊包埋乳酸菌及其特性研究 [J]. 饲料研究, 2015 (05): 55-58.

[97] TALEBZADEH S, SHARIFAN A. Developing Probiotic Jelly Desserts with *Lactobacillus Acidophilus* [J]. Journal of Food Processing and Preservation, 2017, 41 (1): 341-356.

[98] HOMAYOUNI A, AZIZI A, EHSANIMR, et al. Effect of microencapsulation and resistant starch on the probiotic survival and sensory properties of synbiotic ice cream [J]. Food Chemistry, 2008, 111: 50-55.

[99] CHEOW W S, KIEW T Y, HADINOTO K. Effects of adding resistant and waxy starches on cell density and survival of encapsulated biofilm of *Lactobacillus rhamnosus* GG probiotics [J]. LWT - Food Science and Technology, 2016, 69: 497-505.

[100] CHAKHAM P. Stability of probiotics encapsulated with Thaiherbal extracts in fruit juices and yoghurt during refrigerated storage [J]. Food Bioscience, 2015, 12: 61-66.

[101] ERATTE D, WANG B, DOWLING K, et al. Survival and fermentation activity of probiotic bacteria and oxidative stability of omega-3 oil in co-microcapsules during storage [J]. Journal of Functional Foods, 2016, 23: 485-496.

[102] FERRAZ J L, CRUZ A G, CADENA R S, et al. Sensory acceptance and survival of probiotic bacteria in ice cream produced with different overrun levels [J]. Journal of Food Science, 2012, 77: 24-28.

[103] ERGIN F, ATAMER Z, ARSLAN A ASCI, et al. Application of cold- and heat-adapted Lactobacillus acidophilus in the manufacture of ice cream [J]. International Dairy Journal, 2016, 59: 72-79.

[104] 刘怀龙,孟祥晨,庄翘楚. 益生菌酸性应激的研究进展 [J]. 食品工业科技, 2008, 6: 300-303.

[105] SASTALDOC, SICILIANO R A, MUSCARIELLO L, et al, CcpA Affects Expression of the GroESL and Dnak Operons in Lactobacillus Plantarum [J]. Microb. Cell Fact. 20.

[106] KANDIL S, SODA M E. Influence of freezing and freeze drying on intracellular enzymatic activity and autolytic properties of some lactic acid bacterial strains [J]. Advances in Microbiology, 2015, 5 (6): 371-382.

[107] 薛峰,张娟,堵国成,等. 交互保护对干酪乳杆菌

ATCC 393TM 存活的影响 [J]. 微生物学报, 2010, 50: 478-484.

[108] 陈旭娇. 鼠李糖乳杆菌 grxl9 常温发酵乳制备条件优化及其中试 [D]. 扬州: 扬州大学, 2015.

[109] CHEN, MING – JU, TANG, et al. Effects of heat, cold, acid and bile salt adaptations on the stress tolerance and protein expression of kefir – isolated probiotic, *Lactobacillus kefiranofaciens*, M1 [J]. Food Microbiology, 2017, 66: 20-27.

[110] FIRUZ E, ERGI N, ZEYNE P, et al. Application of cold- and heat- adapted *Lactobacillu s acidophilus* in the manufacture of icecream [J]. International Dairy Journal, 2016, 59 (1): 72-79.

[111] PATRIGNANI F, TABANELLI G, SIROLL I, et al. Combined effects of high pressure homogenization treatment and citral on microiological quality of apricot juice [J]. International Journal of Food Microbiology, 2013, 160 (3): 273-281.

[112] ADRIANO G C, JOSE D A F, ARIENE G F, et al. Packaging system and probiotic dairy foods [J]. Food Research International, 2007, 40 (8): 951-956.

[113] 张勇, 刘勇, 张和平. 世界益生菌产品研究和发展趋势 [J]. 中国微生态学杂志, 2009, 21 (2): 185-193.

[114] Martinez R C R, Bedani R, Saad S M I. Scientific evidence for health effects attributed to the consumption of probiotics and prebiotics: an update for current perspectives and future challenges [J]. The British journal of nutrition, 2015, 114 (12): 1993-2015.

第二章 益生菌慕斯的菌株筛选及产品研发

随着生活水平的不断提高，人们越来越注重科学养生与饮食健康，具有保健功能的益生菌食品受到人们的普遍青睐[1]。目前，市场上销售的益生菌食品主要为发酵乳制品和益生菌膳食补充剂[2]，而发酵乳制品则主要是酸奶和奶酪，产品形式较为单一。为了顺应消费者对益生菌食品的要求，很多食品企业都在致力于开发高品质高营养的创新型食品。口感良好、营养丰富、种类繁多的益生菌乳制甜点满足了现代人对功能与美味的双重需求，具有更加广阔的市场空间[3]。

慕斯是一种兼具营养和美味，且造型美观的低温乳制甜点，也是目前甜点市场中最受欢迎的产品之一，许多研究证实慕斯是适合添加益生菌的食品载体[4-5]。在慕斯中添加益生菌发酵乳或益生菌菌粉后，由于添加的菌种、培养方式以及发酵基质不同，都会对产品的感官特性、酸度、稳定性及活菌数产生一定的影响；同时，添加的食品配料不同，储藏温度不同，也会对慕斯的品质及菌株活性产生影响[6]。研究和探讨不同菌株及其组合对益生菌慕斯品质的影响，筛选适合慕斯生产的发酵剂，并优化益生菌慕斯的配方，研究其储藏特性，从而为益生菌慕斯产品的生产及产品研发提供参考。

第一节　益生菌慕斯的菌株筛选

在益生菌慕斯生产中，为了获得膨松而富于弹性的组织结构，需要添加打发的淡奶油和适量的糖，这些原料组成及生产方式，使得慕斯基质中富氧、高渗透压和低pH值[7]。慕斯基质的上述环境因子都会对添加的发酵剂菌株产生胁迫，且不同的益生菌对上述胁迫环境的耐受能力也存在较大的差异，因此有必要对乳酸菌在慕斯基质中的生长特性进行研究。同时还要从菌株发酵特性对产品感官品质的影响出发，选择产酸速度较快的嗜热链球菌和产香能力较强的乳杆菌进行搭配，研究其最佳的混合比例，通过测定最终产品的感官品质、活菌数、pH值和滴定酸度等指标，筛选适合益生菌慕斯生产的发酵剂。

1. 材料与设备

1.1　菌种

发酵乳杆菌grx08（*Lactobacillus fermentum* grx08）分离自江苏如皋长寿老人体内，具有辅助降血脂功能[8]；鼠李糖乳杆菌

hsryfm1301（*Lactobacillus rhamnosus* hsryfm1301）分离自广西巴马长寿老人体内，具有辅助降血脂功能[9]；鼠李糖乳杆菌 grx19（*Lactobacillusrr rhamnosus* grx19）分离自江苏如皋长寿老人体内，具有调节肠道菌群结构和防止病毒性腹泻的功能[10]；嗜酸乳杆菌 grx95（*Lactobacillus acidophiius* grx95），分离自新疆和田健康老人体内，具有抑制致病性大肠埃希菌、肠炎沙门氏菌及幽门螺旋杆菌的作用[11]；嗜热链球菌 grx02（*Streptococcus thermophilus* grx02）分离自新疆喀纳斯地区马奶酒，对急性酒精性肝损伤具有保护功能[12]；嗜热链球菌 grx90（*Streptococcus thermophiles* grx90）分离自发酵豆制品，具有较好的抗氧化功能[13]；以上菌株均由江苏省乳品生物技术与安全控制重点实验室提供。

1.2 试验材料

安佳稀奶油、恒天然脱脂乳粉（新西兰恒天然公司）；牛奶（扬大康源乳业有限公司）；百利牌吉利丁片（意大利百利凝公司）；乐芙娜西西里柠檬汁（意大利 Eurofood 公司）；白砂糖、鸡蛋，市售。

1.3 仪器设备

FIS#13-636-XL25 型酸度计（美国 Fisher Scientific 公司）；JF-SX-500 全自动灭菌锅（日本 TOMY 公司）；SPX-250B 型生化培养箱（上海跃进医疗器械厂）；SM-101 打蛋器（无锡新麦机械有限公司）；GYB 60-08 型高压均质机（上海东华高压均质机厂）；TMS-pro 食品质构仪（美国 FTC 公司）。

2. 试验方法

2.1 乳酸菌发酵剂的活化培养

将冻干保存的乳酸菌菌株先接种到 MRS 液体培养基中,在 37℃条件下进行活化培养 2 次,直至其恢复活力。把活化好的菌种以 3%(v/v)接种量分别接种到灭菌脱脂乳中,在 37℃温度下培养,直到其凝固。

菌株复配:将筛选获得的两种乳酸菌用脱脂乳培养基活化培养两代后,分别按照体积比为 1∶0、20∶1、10∶1、5∶1、1∶1 和 0∶1 比例进行复配,并制作发酵乳,用于益生菌慕斯的制备。

2.2 发酵乳的制备

配料(全脂乳粉 12%、白砂糖 7%)→搅拌→均质(23MPa)→杀菌(95℃,5 min)→冷却(42℃)→接种(3%,v/v)→混匀→42℃发酵培养→冷藏后熟(4℃)→成品。

2.3 益生菌慕斯的制备

益生菌慕斯的基础配方为:发酵乳 40%,稀奶油 25%,牛奶 17%,砂糖 8%,蛋黄 6%,吉利丁 2%,柠檬汁 2%。

益生菌慕斯制作的工艺流程为:吉利丁冷水浸泡(15 min)→淡奶油打发(六成发)→蛋黄、白砂糖和牛奶拌匀→水浴加热杀菌(80℃,5 min)→冷却至 60℃时加软化吉利丁融化混匀→冷却至 25℃时加发酵乳、打发淡奶油拌匀→装模→冷藏或冷冻凝冻→成品。

2.4 感官评价标准

评分小组由 10 位接受过感官评定培训的学生和老师组成，按照表 2-1 评分标准对慕斯的色泽、口感、风味和组织状态进行打分，结果取三次评分的平均值。

表 2-1 感官评分标准

项目	分值	评分标准	得分
色泽	20	呈乳白色或乳黄色，色泽均匀一致	17~20
		色泽不均匀，但无明显色差	12~16
		色泽不均匀，有明显色差	1~11
口感	30	口感细腻、爽滑	25~30
		口感细腻、不爽滑，有少许颗粒感	18~24
		口感粗糙、不细腻，有颗粒感	1~17
风味	20	具有发酵乳和柠檬香气，酸甜适中	17~20
		发酵乳或柠檬香味淡，偏甜或偏酸	12~16
		发酵乳香味较淡，酸味重或有异味	1~11
组织状态	30	组织均匀、细腻，无气孔	25~30
		有少量液体析出，组织均匀，少许气孔	18~24
		液体析出较多，组织不够细腻，气孔较多	1~17

2.5 活菌数的测定

慕斯样品于 37℃ 水浴中融化后，参照 GB 4789.35—2016[14] 中乳酸菌活菌数的测定方法测定慕斯中的活菌数。将样品稀释不同的梯度，平板计数，选择菌落数在 30~300 的平板作菌落总数计数。一个稀释度使用三个平板，取平均值。

2.6 滴定酸度的测定

滴定酸度的测定参照 GB 5009.239—2016[15]中的酚酞指示剂法测定，每个样品测定三次。

2.7 pH 值测定

每份样品取 40 g 左右，室温下采用 pH 计进行测定，每个样品测定三次。

2.8 数据的统计分析

利用 SPSS 22.0 统计分析软件对数据进行差异显著性分析，并用 Excel 2010 作图。

3. 结果与讨论

3.1 不同乳酸菌制备益生菌慕斯的品质比较

6 株乳酸菌发酵制备的酸奶慕斯的活菌数、pH 值、滴定酸度和感官评分，如表 2-2 所示。

表 2-2　不同乳酸菌发酵制备益生菌慕斯特性分析

菌株	活菌数 (log CFU/mL)	pH 值	酸度 (°T)	感官评分 (分)
grx08	8.64±0.03^a	5.67±0.65^a	36.14±0.44^d	88.1±0.5^a
hsryfm1301	8.24±0.08^b	5.58±0.42^a	58.76±0.25^b	82.1±0.5^c
grx19	8.22±0.03^{ab}	5.63±0.00^a	58.64±1.02^b	84.1±0.5^{bc}
grx95	8.08±0.03^c	5.44±0.03^a	54.95±2.24^c	80.4±0.7^d
grx02	8.16±0.05^c	5.42±0.05^a	65.13±1.05^a	87.9±0.5^a
grx90	8.15±0.01^c	5.55±0.03^a	67.19±0.73^a	85.1±0.5^b

注：同列数据肩标小写字母完全不同的，表示差异显著（$P<0.05$），有任何相同小写字母或无字母的表示差异不显著（$P>0.05$）。

由表 2-2 可以看出，6 种乳酸菌发酵制作的益生菌慕斯的活菌数在 8.08~8.64 log CFU/mL，其中 *L. fermentum* grx08 制备的益生菌慕斯的活菌数显著高于其他菌株（$P<0.05$），为 8.64 log CFU/mL。6 种乳酸菌发酵制作的益生菌慕斯的 pH 值在 5.42~5.67 之间，差异不显著。但滴定酸度有显著性差异（$P<0.05$），在 36.14~67.19°T。其中 grx02 和 grx90 制备的益生菌慕斯滴定酸度显著高于其他 4 组，而 grx08 制备的益生菌慕斯滴定酸度显著低于其他组（$P<0.05$）。从感官评价结果发现，不同乳酸菌制备的慕斯的外观、色泽差异不大，但风味和组织状态存在较大的差异。其中 grx08 和 grx02 制备的慕斯感官评分较高，呈现协调的发酵乳香味和柠檬香气，而菌株 hsryfm1301 和 grx95 制备的慕斯组织不够均匀，口感不细腻；grx90 制备的慕斯酸味较重。综合上述指标，选择活菌数较高，且感官品质较好的 grx08 和 grx02 作为发酵菌株，并按照不同比例进行复配，以筛选适于益生菌慕

斯生产的发酵剂菌株。

3.2 不同配比发酵剂的发酵性能比较

将 S. thermophiles grx02 和 L. fermentum grx08 按不同比例复配后，测定的发酵性能如表 2-3 所示。

表 2-3 不同配比发酵剂的发酵性能

菌株配比	凝乳时间（h）	pH 值	酸度（°T）	活菌数（log CFU/mL）
1:0	6.0±0.07^e	4.72±0.65^a	78.97±0.44^a	8.66±0.11^b
20:1	6.5±0.20^d	4.68±0.42^a	70.65±1.64^b	8.79±0.01^b
10:1	6.5±0.21^d	4.74±0.03^a	64.95±2.24^{cd}	9.12±0.07^a
5:1	8.0±0.35^c	4.57±0.05^a	62.13±1.05^d	9.08±0.01^{ab}
1:1	9.5±0.35^b	4.55±0.03^a	67.62±0.73^c	8.29±0.01^c
0:1	13.5±0.71^a	4.40±0.00^a	63.05±1.02^d	8.14±0.03^c

注：同列数据肩标小写字母完全不同的，表示差异显著（$P<0.05$），有任何相同小写字母或无字母的表示差异不显著（$P>0.05$）。

由表 2-3 可以看出，6 种复配发酵剂的凝乳时间在 6.0～13.5 h，其中 S. thermophilus grx02 单菌株发酵的凝乳时间为 6.0 h，L. fermentum grx08 单菌株发酵的凝乳时间为 13.5 h。2 株菌复配后的凝乳时间均显著低于 L. fermentum grx08 单菌株发酵，其中配比为 20:1 和 10:1 时凝乳时间较短，为 6.5 h。6 组发酵乳样品凝乳时的 pH 值无显著性差异，在 4.40～4.74（$P>0.05$）。由 S. thermophiles grx02 单菌株发酵凝乳时的滴定酸度较高，为 78.97 °T，显著高于 L. fermentum grx08 和复配菌株（$P<0.05$），其中

10∶1 组和 5∶1 组凝乳时的酸度与 *L. fermentum* grx08 差异不显著（$P>0.05$）。6 组发酵剂的活菌数均超过了 8.0 log CFU/mL，其中 10∶1 和 5∶1 凝乳时的活菌数超过了 9.0 log CFU/mL。

3.3 不同菌株复配比例对益生菌慕斯活菌数的影响

6 种复配发酵剂制备的慕斯样品在 4℃储藏 24 h 后的活菌数测定结果，如图 2-1 所示。

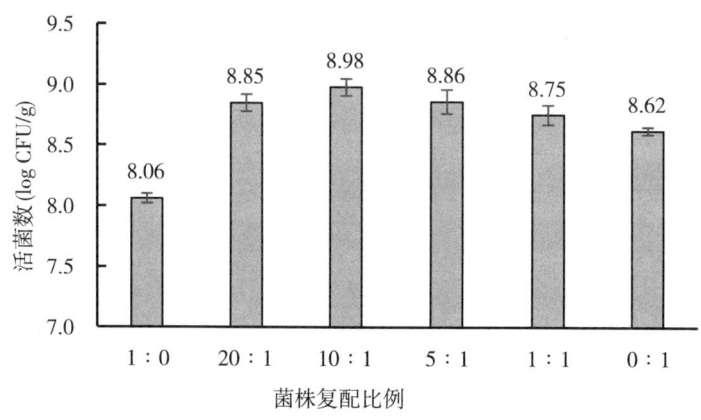

图 2-1 不同菌株复配比例对益生菌慕斯活菌数的影响

由图 2-1 可以看出，将 *S. thermophiles* grx02 和 *L. fermentum* grx08 两种乳酸菌按照不同比例进行复配后，制得的益生菌慕斯的活菌数较单菌株样品均有所提高，说明这两株菌之间存在较好的共生关系。当 *S. thermophiles* grx02 和 *L. fermentum* grx08 的比例为 10∶1 时，益生菌慕斯的活菌数最高，为 8.98 log CFU/g，显著高于 *S. thermophiles* grx02 和 *L. fermentum* grx08 单菌株发酵制作的慕斯样品。

3.4 不同配比发酵剂对慕斯pH值和滴定酸度的影响

6种配比乳酸菌制得的慕斯样品在4℃储藏24 h后,测定的pH值和滴定酸度结果,如表2-4所示。

表2-4 不同配比发酵剂对慕斯pH值和滴定酸度的影响

菌株配比	pH值	酸度（°T）
1∶0	5.42±0.65^a	65.13±1.02^a
20∶1	5.58±0.03^a	59.19±0.73^b
10∶1	5.74±0.03^a	46.95±2.24^c
5∶1	5.67±0.05^a	47.13±1.05^c
1∶1	5.65±0.03^a	48.19±0.73^c
0∶1	5.67±0.00^a	36.14±0.44^d

注：同列数据肩标小写字母完全不同的,表示差异显著（$P<0.05$）,有任何相同小写字母或无字母的表示差异不显著（$P>0.05$）。

由表2-4可以看出,6组样品的pH值无显著性差异,在5.42~5.74（$P>0.05$）,但滴定酸度存在显著性差异（$P<0.05$）,其中grx02单菌株发酵制备的慕斯酸度显著高于其他组,为65.13 °T,而10∶1、5∶1、1∶1组和grx08组样品的滴定酸度较低。滴定酸度太高会直接影响慕斯的风味、组织状态和益生菌的活性等,因此选择产酸较弱的菌株组合有利于慕斯品质的稳定性。

3.5 不同菌种配比发酵剂对益生菌慕斯感官品质的影响

6种复配发酵剂制得的慕斯样品在4℃储藏24 h后的感官评分结果,如图2-2所示。

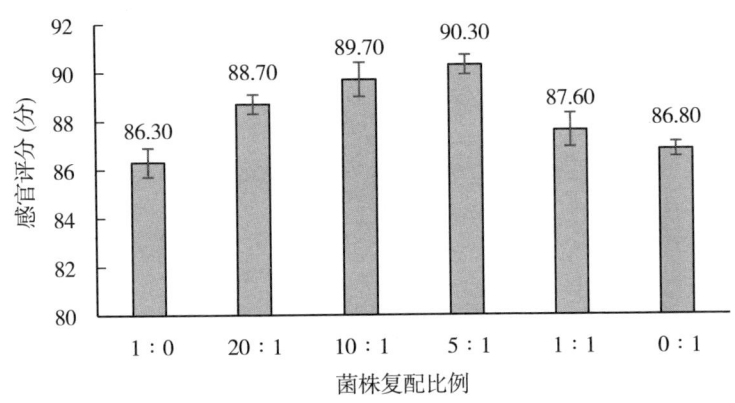

图 2-2　不同菌种配比对益生菌慕斯感官品质的影响

由图 2-2 可以看出，将 S. thermophiles grx02 和 L. fermentum grx08 两种乳酸菌按照不同比例进行复配后，制得的益生菌慕斯的感官评分均高于单菌株制备的慕斯样品，其中 5∶1 组样品的感官评分最高，为 90.30 分，其次为 10∶1 组样品和 20∶1 组样品。结合前面活菌数测定的结果，选择 S. thermophiles grx02 和 L. fermentum grx08 的比例为 10∶1 作为益生菌慕斯的发酵剂。

4. 结论

通过本小节的研究，我们可以得到以下结论：

（1）利用 6 种乳酸菌分别制备发酵乳，并制作益生菌慕斯，在 4℃冷藏 24 h 后的活菌数在 8.08~8.64 log CFU/mL，pH 值在 5.42~5.67，滴定酸度在 36.14~67.19°T，其中菌株 L. fermentum grx08 和 S. thermophiles grx02 制备的慕斯活菌数显著高于其他菌株，且感官品质较好。因此，选择 L. fermentum grx08 和 S. thermophiles grx02 进行复配研究，筛选适于益生菌慕斯生产的复配发酵剂。

（2）*S. thermophiles* grx02 和 *L. fermentum* grx08 按不同比例复配后，其凝乳时间在 6.0~13.5 h，pH 值无显著性差异，其中菌株配比为 10∶1 时凝乳时间较短，且活菌数最高，为 9.12 log CFU/mL。

（3）用上述 6 种发酵剂制备发酵乳后分别制作慕斯，在 4℃ 储藏 24 h 后，6 组慕斯样品的活菌数均保持在 8.02 log CFU/mL 以上，其中 10∶1 组乳酸菌制备的慕斯活菌数最高，为 8.98 log CFU/mL，且感官评分较高。综合上述指标，选择凝乳时间短、储藏期 pH 值和酸度稳定、活菌数高、感官评分高的 *S. thermophiles* grx02 与 *L. fermentum* grx08 按照 10∶1 进行复配作为益生菌慕斯的发酵剂。

第二节　益生菌酸奶慕斯的研制

益生菌甜点作为一种新型的功能性食品，由于其良好的风味和口感、较高的营养价值和益生功能而受到了不同年龄消费者的广泛欢迎。在欧美国家，益生菌甜点的研究开发也受到了科学家和企业家的普遍关注，被认为是未来最具市场潜力的益生菌功能产品之一[16]。

慕斯是一种源自法国的冷冻甜点，是在打发的鲜奶油或蛋白中，加入巧克力、蛋黄、明胶等具有凝固作用的成分，制成的一种含有大量气体的凝冻产品[17]。在慕斯中添加益生菌发酵乳，可以提高慕斯的营养功能和商业价值,但也会对产品的风味、口感和质构特性产生影响。因此,有必要对益生菌慕斯的配方进行优化,以获得风味和口感俱佳,且具有较高活菌数的慕斯产品。

本研究利用江苏省乳品生物技术与安全控制重点实验室的 2 株具有良好功能特性的专利菌株——*S. thermophiles* grx02 和 *L. fermentum* grx08 按 10∶1 的比例混合制作发酵乳慕斯,研究了稀奶油添加量、牛奶添加量、白砂糖添加量和吉利丁添加量对益生菌酸奶慕斯感官品质和质构特性的影响,通过正交试验优化了益生菌酸奶慕斯的配方,测定其在 -18℃ 储藏期间的感官品质、活菌数、酸度、pH 值和质构特性的变化,并分析了各参数间的相关性,为益生菌慕斯的研究及开发提供理论依据。

1. 材料与设备

1.1 材料与试剂

益生菌菌种:发酵乳杆菌 grx08(*L. fermentum* grx08)、嗜热链球菌 grx02(*S. thermophiles* grx02)由江苏省乳品生物技术与安全控制重点实验室提供;恒天然脱脂乳粉、安佳稀奶油(新西兰恒天然公司);白砂糖(上海市糖业烟酒(集团)有限公司);百利牌吉利丁片(意大利百利凝公司);纯牛奶、白砂糖,均为市售。

1.2 仪器与设备

FIS#13-636-XL25 型酸度计(美国 Fisher Scientific 公司);

JF-SX-500 全自动灭菌锅（日本 TOMY 公司）；SPX-250B 型生化培养箱（上海跃进医疗器械厂）；SM-101 打蛋器（无锡新麦机械有限公司）；GYB60-08 型高压均质机（上海东华高压均质机厂）；TMS-pro 食品质构仪（美国 FTC 公司）。

2. 试验方法

2.1 益生菌的活化培养

将冻干保存的 *L. fermentum* grx08 菌种接种于脱脂乳培养基中，37℃ 活化两代，4℃ 冷藏备用。将冻干保存的 *S. thermophiles* grx02 菌种接种于脱脂乳培养基中，42℃ 活化两代，4℃ 冷藏备用。

2.2 酸奶的制作

将活化好的 *S. thermophiles* grx02 和 *L. fermentum* grx08 以 10∶1 的比例混合，搅拌均匀，用于接种。

复原乳（12%全脂乳粉、7%白砂糖、81%的 65℃ 热水）→搅拌→均质（20 MPa）→杀菌（95℃，5 min）→冷却（42℃）→接种（3%，v/v）→混匀→42℃ 发酵→冷藏后熟（4℃）→酸奶。

2.3 益生菌酸奶慕斯的制作

2.3.1 益生菌酸奶慕斯的基础配方

表 2-5 益生菌酸奶慕斯的基础配方

原料	质量（g）	质量百分比（%）
益生菌发酵乳	100	39.2
稀奶油	60	23.5
牛奶	50	19.6
白砂糖	20	7.8
吉利丁	5	2.0
蛋黄	16	6.3
柠檬汁	4	1.6
	255	100

2.3.2 益生菌酸奶慕斯的工艺流程

益生菌酸奶慕斯的制作参照王娜等[18]的方法，并略作改动。

吉利丁浸泡→稀奶油打发→蛋黄、绵白糖和牛奶混匀→水浴加热（80℃时保温 5 min）→冷却（60℃）→加入吉利丁融化→冷却（25℃）→加入发酵乳和打发的稀奶油拌匀→装模→冷藏或冷冻凝冻→成品→低温保存。

2.3.3 益生菌酸奶慕斯的工艺操作要点

吉利丁用冷水浸泡 15 min 后沥干，稀奶油室温搅打至六成发，4℃冷藏备用。白砂糖、蛋黄、牛奶称量后放入打蛋盆中，80℃水浴加热，边加热边搅拌，当温度升至 80℃时继续保温 5 min。冷却至 60℃左右加入泡软的吉利丁，搅拌使吉利丁融化。继续在冰浴中冷却至 25℃，加入打至六成发的稀奶油，搅拌均匀，装入慕斯杯中，分别放入 4±1℃和-18±3℃冰箱中保存。-18±3℃保存的慕斯样品于测定前 2 h 取出，放入 4±1℃冰箱解冻。

2.4 单因素试验设计

按照益生菌慕斯的制作工艺流程制备慕斯样品。在基础配方中，发酵乳添加量固定为 100 g，研究稀奶油添加量（40 g、50 g、60 g、70 g、80 g），牛奶添加量（30 g、40 g、50 g、60 g、70 g），白砂糖添加量（12 g、14 g、16 g、18 g、20 g），吉利丁片添加量（3 g、4 g、5 g、6 g、7 g）等因素对益生菌酸奶慕斯品质的影响。

2.5 益生菌酸奶慕斯最佳配方的研究

以上我们讨论了各单因素对益生菌酸奶慕斯质量的影响。但在实际生产中，成品质量是受这些因素相互交叉的综合影响。实验结果中表明吉利丁的添加量和冷冻温度对慕斯的影响并不是很大，为节约成本，故忽略其正交影响。因此，为全面考查其他因素对制品的影响，需要进一步设计正交实验。

2.6 冷凝温度对益生菌酸奶慕斯品质的影响

将制作好的益生菌酸奶慕斯分别放入-18℃和4℃冰箱，观察凝固时间，并对产品感官品质进行评价，以确定适宜的凝固工艺。

2.7 感官评价标准

评分小组由 10 位接受过感官评定培训的学生和老师组成，按照表2-1评分标准对慕斯的色泽、口感、风味和组织状态进行打分，结果取三次评分的平均值。

2.8 pH 值和滴定酸度的测定

在室温条件下，每份样品各取约 40 g，用 pH 计进行测定。滴定酸度的测定参照 GB 5009.239—2016[15]的方法进行。

2.9 活菌数的测定

将慕斯放入 37℃ 水浴中加热融化，参照 GB 4789.35—2016[14]中乳酸菌活菌数的测定方法测定慕斯中的活菌数。

2.10 慕斯质构的测定

益生菌酸奶慕斯的质构特性测定参照贺红军等[19]的方法，用 TMS-Pro 食品质构仪进行 TPA 模式测定。选用 P/25 圆柱形探头，测试速度为 1.0 cm/min，测试距离为 0.5 cm，最小触发力为 0.3 N，得到硬度、黏附性和弹性等指标值。

2.11 统计学分析

利用 SPSS 22.0 统计分析软件对数据进行差异显著性分析，并用 Excel 2010 作图。

3. 结果与讨论

3.1 稀奶油添加量对益生菌酸奶慕斯感官特性的影响

添加不同比例的稀奶油对益生菌酸奶慕斯感官品质的影响，如表 2-6 所示。

表 2-6 不同益生菌发酵乳添加量的益生菌酸奶慕斯感官得分

稀奶油添加量（g）	色泽（分）	口感（分）	风味（分）	组织状态（分）	总分
40	18.7±0.3^a	21.3±0.7^d	13.5±0.1^d	23.0±0.4^c	76.5±0.6^d
50	18.8±0.5^a	26.4±0.6^c	15.4±0.3^b	25.6±0.3^b	86.2±0.4^c
60	19.0±0.1^a	28.1±0.3^a	17.9±0.3^a	26.8±0.2^a	91.8±0.5^a
70	18.8±0.2^a	27.9±0.3^a	17.6±0.7^a	26.0±0.8^{ab}	90.3±0.8^b
80	18.7±0.3^a	27.0±0.2^b	14.3±0.1^c	25.1±0.5^b	85.1±0.4^c

稀奶油是制作慕斯的主要原料，通过打发稀奶油可以提高慕斯的膨松度，并赋予慕斯浓郁的奶油香味和入口即化的口感。由表2-6可以看出，稀奶油的添加量对益生菌酸奶慕斯的色泽影响较小，但对口感和风味的影响较明显。当稀奶油的添加量低于60 g时，慕斯的口感较硬，不够细腻，奶香味较淡，组织较紧密；当稀奶油添加量达到60 g时，慕斯口感、风味和组织状态均较好；而当稀奶油的添加量为80 g时，慕斯奶油感厚重，吃起来略显油腻，感官得分略有降低。在稀奶油的添加量为60 g时，慕斯的感官评分最高，为91.8分，此时的慕斯组织细腻，口感顺滑，奶油香味浓郁。

表 2-7 稀奶油添加量对益生菌酸奶慕斯质构特性的影响

稀奶油添加量（g）	硬度（N）	黏附性（Ns）	弹性（mm）	咀嚼性（mJ）
40	1.03±0.03^a	-0.12±0.01^b	6.30±0.02^d	2.12±0.05^a
50	0.87±0.02^a	-0.13±0.01^{bc}	6.38±0.06^d	2.03±0.06^a
60	0.81±0.02^{ab}	-0.14±0.01^c	6.76±0.02^c	1.98±0.04^a

(续表)

稀奶油添加量（g）	硬度（N）	黏附性（Ns）	弹性（mm）	咀嚼性（mJ）
70	0.74±0.01[b]	-0.11±0.01[ab]	6.92±0.03[b]	1.81±0.03[b]
80	0.64±0.05[c]	-0.10±0.01[a]	7.21±0.02[a]	1.76±0.02[b]

注：同列数据肩标小写字母完全不同的，表示差异显著（$P<0.05$），有任何相同小写字母或无字母的表示差异不显著（$P>0.05$）。

从表 2-7 可以看出，随着稀奶油添加量的增加，益生菌酸奶慕斯的硬度和咀嚼性呈下降趋势，弹性呈显著增加趋势，而黏附性则呈先增加后降低的趋势。这是因为稀奶油中的脂肪呈球形，且具有一定的润滑作用，可以使慕斯的组织更加柔软、有弹性。根据感官评分及质构特性的结果，选择稀奶油添加量为55 g、60 g和65 g三个水平进行正交试验。

3.2 牛奶添加量对益生菌酸奶慕斯感官特性的影响

不同的牛奶添加量对慕斯感官品质和质构特性的影响，如表2-8和表2-9所示。

表 2-8 不同牛奶添加量的益生菌酸奶慕斯感官得分

牛奶添加量（g）	色泽（分）	口感（分）	风味（分）	组织状态（分）	总分
30	18.6±0.4[a]	21.4±0.1[c]	14.2±0.1[c]	25.5±0.2[a]	79.7±0.2[c]
40	18.3±0.0[a]	25.2±0.4[b]	15.4±0.4[b]	26.1±0.3[a]	85.0±0.1[b]
50	18.4±0.5[a]	27.6±0.4[a]	17.3±0.1[a]	27.0±0.4[a]	90.3±0.4[a]
60	18.6±0.1[a]	27.7±0.3[a]	17.1±0.5[a]	26.4±0.2[a]	89.8±0.3[ab]

(续表)

牛奶添加量（g）	色泽（分）	口感（分）	风味（分）	组织状态（分）	总分
70	18.1±0.2^a	27.6±0.6^a	14.1±0.3^c	25.0±0.1^a	84.8±0.1^b

注：同列数据肩标小写字母完全不同的，表示差异显著（$P<0.05$），有任何相同小写字母或无字母的表示差异不显著（$P>0.05$）。

表2-9 牛奶添加量对益生菌慕斯质构特性的影响

牛奶添加量（g）	硬度（N）	黏附性（Ns）	弹性（mm）	咀嚼性（mJ）
30	0.61±0.01^b	−0.08±0.00^a	5.74±0.02^d	2.32±0.06^a
40	0.75±0.01^{ab}	−0.09±0.00^a	6.31±0.05^b	2.28±0.00^a
50	0.85±0.02^a	−0.11±0.01^b	6.54±0.02^a	2.24±0.01^{ab}
60	0.83±0.02^a	−0.13±0.01^c	6.11±0.02^c	2.20±0.06^{bc}
70	0.77±0.01^{ab}	−0.15±0.00^c	6.12±0.01^c	2.16±0.01^c

注：同列数据肩标小写字母完全不同的，表示差异显著（$P<0.05$），有任何相同小写字母或无字母的表示差异不显著（$P>0.05$）。

牛奶是慕斯中常用的液体材料，其主要作用是溶解各种干性原料。牛奶的添加量适当，慕斯的组织才能细腻均匀。如果牛奶添加量不足，则干物质含量较高，会导致慕斯组织粗糙，弹性差。由表2-8可知，随着牛奶添加量的增加，慕斯的色泽和组织状态的变化不明显，但口感和风味呈先升高后降低的趋势。当牛奶添加量为50 g时，慕斯的口感最好，表面平整光滑，口感细腻滑爽，奶香味浓郁。当牛奶添加量低于40 g时，慕斯口感较粗糙，奶香味淡；当牛奶添加量较高时，酸奶口味变淡。

表 2-9 为不同牛奶添加量时慕斯质构特性的测定结果。随着牛奶添加量的增加，慕斯的硬度和弹性呈先增加后降低的趋势，而黏附性和咀嚼性呈逐渐降低的趋势。添加牛奶能够充分溶解白砂糖、蛋黄等干性物质，使得慕斯组织结构细腻柔软；但牛奶添加量太高会使慕斯弹性和咀嚼性降低，结构不稳定，品质下降。综合感官评定和质构特性的测定结果，选择牛奶添加量为45~55 g进行正交试验。

3.3 白砂糖添加量对益生菌酸奶慕斯感官特性的影响

不同白砂糖添加量的酸奶慕斯感官评价及质构特性分析的结果，如表 2-10 和表 2-11 所示。

表 2-10 不同白砂糖添加量的益生菌酸奶慕斯感官得分

白砂糖添加量 (g)	色泽（分）	口感（分）	风味（分）	组织状态（分）	总分
12	18.7±0.1^a	23.4±0.2^d	14.2±0.1^d	23.8±0.5^c	80.1±0.6^c
14	18.6±0.2^a	25.6±0.5^c	15.1±0.4^c	25.3±0.2^b	84.6±0.7^{bc}
16	18.5±0.2^a	27.6±0.3^b	16.7±0.5^b	27.4±0.5^a	90.2±0.6^{ab}
18	18.1±0.5^a	28.7±0.5^a	17.7±0.3^a	26.6±0.3^{ab}	91.1±0.7^a
20	18.0±0.3^a	27.4±0.1^b	15.2±0.5^c	25.9±0.5^b	86.5±0.6^b

注：同列数据肩标小写字母完全不同的，表示差异显著（$P<0.05$），有任何相同小写字母或无字母的表示差异不显著（$P>0.05$）。

白砂糖在慕斯中主要起调味、保湿、增加弹性和光泽的作用，其添加量对慕斯的黏稠度和组织结构也会产生一定的影响。由表 2-10 可以看出，随着白砂糖添加量的增加，慕斯的色泽变化不大，口感、风味、组织状态得分和总分均呈先增加后降低的趋势。当白砂糖添加量较低时，慕斯甜度低，酸味较重，且组织状态不够细腻；当白砂糖的添加量较高时，慕斯口感较甜，发酵乳风味淡。当白砂糖添加量为 18 g 时，慕斯样品的感官评分总分最高，为 91.1 分，此时慕斯的口感细腻、甜味适中。

表 2-11　白砂糖添加量对益生菌慕斯质构特性的影响

白砂糖添加量（%）	硬度（N）	黏附性（Ns）	弹性（mm）	咀嚼性（mJ）
12	0.96 ± 0.05^b	-0.08 ± 0.03^a	4.66 ± 0.07^d	2.52 ± 0.05^e
14	1.08 ± 0.03^{ab}	-0.11 ± 0.01^{ab}	4.80 ± 0.08^c	2.99 ± 0.12^d
16	1.13 ± 0.01^a	-0.14 ± 0.01^c	5.20 ± 0.12^a	3.26 ± 0.01^c
18	1.20 ± 0.02^a	-0.13 ± 0.01^{bc}	5.15 ± 0.01^a	3.58 ± 0.04^b
20	1.20 ± 0.01^a	-0.10 ± 0.01^a	5.19 ± 0.04^a	3.79 ± 0.06^a

注：同列数据肩标小写字母完全不同的，表示差异显著（$P<0.05$），有任何相同小写字母或无字母的表示差异不显著（$P>0.05$）。

由表 2-11 可以看出，随着白砂糖添加量的增加，慕斯的硬度、黏附性、弹性和咀嚼性均有不同程度的增加。蔗糖遇水加热后会分解为葡萄糖和果糖，其黏度较高，分布在慕斯体中可使其口感细腻柔软，组织更富有弹性，保水性更好。综上所述，选择白砂糖添加量宜为 16~20 g。

3.4　吉利丁添加量对益生菌酸奶慕斯品质的影响

不同吉利丁添加量的益生菌酸奶慕斯感官评价及质构特性分析的结果，如表 2-12 和表 2-13 所示。

表 2-12 不同吉利丁添加量的益生菌酸奶慕斯感官得分

吉利丁添加量（g）	色泽（分）	口感（分）	风味（分）	组织状态（分）	总分
3	18.3±0.1^a	23.4±0.4^c	16.2±0.3^b	20.5±0.7^d	78.4±0.2^c
4	18.6±0.2^a	25.6±0.3^b	16.1±0.1^b	24.3±0.3^c	84.6±0.3^b
5	18.5±0.3^a	27.6±0.2^a	17.7±0.2^a	26.7±0.2^a	90.6±0.2^a
6	18.5±0.2^a	27.7±0.1^a	17.7±0.1^a	26.6±0.1^a	90.5±0.1^a
7	18.0±0.1^a	25.4±0.3^b	16.2±0.4^c	25.9±0.3^b	85.5±0.3^b

注：同列数据肩标小写字母完全不同的，表示差异显著（$P<0.05$），有任何相同小写字母或无字母的表示差异不显著（$P>0.05$）。

表 2-13 吉利丁添加量对益生菌酸奶慕斯质构特性的影响

吉利丁添加量（%）	硬度（N）	黏附性（Ns）	弹性（mm）	咀嚼性（mJ）
3	0.78±0.05^d	-0.08±0.03^a	4.26±0.07^d	2.32±0.05^e
4	0.83±0.03^d	-0.11±0.01^{ab}	4.68±0.08^c	2.59±0.12^d
5	1.03±0.01^c	-0.14±0.01^c	5.10±0.12^a	3.06±0.01^c
6	1.20±0.02^b	-0.13±0.01^{bc}	5.16±0.01^a	3.58±0.04^b
7	1.36±0.01^a	-0.10±0.01^a	5.21±0.04^a	3.89±0.06^a

注：同列数据肩标小写字母完全不同的，表示差异显著（$P<0.05$），有任何相同小写字母或无字母的表示差异不显著（$P>0.05$）。

吉利丁在慕斯中具有增稠、定型的作用，并对慕斯的组织结构和口感具有改善作用。由表 2-12 可以看出，随着吉利丁添加量的增加，对慕斯的色泽的影响不明显，口感、风味、组织状态和感官得分总分均呈先增加后降低的趋势。当吉利丁添加量较低时，慕斯口感较软，弹性较差，表面不光滑；当吉利丁的添加量较高时,慕斯口感变硬,不够细腻。当吉利丁添加量为 5~6 g 时,慕斯样品的感官评分较高,分别为 90.6 分和 90.5 分,此时慕斯的口感细腻、软硬适中。由表 2-13 可以看出,随着吉利丁添加量的增加,慕斯的硬度、弹性和咀嚼性均有不同程度的增加,黏附性呈先增大后降低的趋势。综合感官评价和质构特性的测定结果,选择吉利丁添加量为 4~6 g。

3.5 益生菌酸奶慕斯的配方优化

在上述单因素试验结果基础上,采用 $L_9(3^4)$ 正交试验对慕斯的配方进行优化,试验结果见表 2-14。

表 2-14 正交试验结果

试验号	列号				感官得分
	A 稀奶油添加量(g)	B 牛奶添加量(g)	C 白砂糖添加量(g)	D 吉利丁添加量(g)	
1	1 (55)	1 (45)	1 (16)	1 (4)	73.5
2	1	2 (50)	2 (18)	2 (5)	83.5
3	1	3 (55)	3 (20)	3 (6)	79.6
4	2 (60)	1	2	3	87.1
5	2	2	3	1	92.4
6	2	3	1	2	89.4
7	3 (65)	1	3	2	83.4
8	3	2	1	3	89.9
9	3	3	2	1	84.6
K_1	78.9	81.3	84.7	83.5	
K_2	88.6	88.6	85.1	85.4	

(续表)

试验号	列号				感官得分
	A 稀奶油 添加量（g）	B 牛奶 添加量（g）	C 白砂糖 添加量（g）	D 吉利丁 添加量（g）	
K_3	86.0	84.5	85.1	85.5	
极差 R	9.7	7.3	0.4	2.0	
最优水平	A_2	B_2	C_3	D_3	

由表 2-14 可知，影响益生菌酸奶慕斯感官品质的因素主次顺序为 A>B>D>C，即稀奶油添加量影响最大，其次是牛奶添加量，而吉利丁添加量和白砂糖添加量对感官品质的影响较小。再根据 K 值可知，其最优方案为 $A_2B_2C_3D_3$，则最终确定的益生菌酸奶慕斯的最佳配方，如表 2-15 所示。

表 2-15　益生菌酸奶慕斯的最佳配方

原料	质量（g）	质量百分比（%）
益生菌发酵乳	100	39.1
稀奶油	60	23.4
牛　奶	50	19.5
白砂糖	20	7.8
吉利丁	6	2.3
蛋　黄	16	6.3
柠檬汁	4	1.6
合　计	256	100

3.6 验证试验

为验证试验结果是否符合真实情况，用最优配方制得3批样品，进行感官评定，对评定结果进行分析，最优配方制作的3批样品的感官评分的平均分为92.5。验证试验结果与正交试验结果吻合，表明此次正交试验得出的最佳配方可靠性好。

4. 结论

通过单因素试验和正交试验对益生菌酸奶慕斯的配方进行了优化，研究了稀奶油添加量、牛奶添加量、白砂糖添加量和吉利丁添加量对益生菌酸奶慕斯感官品质和质构特性的影响，并得到益生菌慕斯的最优配方。即：发酵乳添加量为39.1%，稀奶油添加量为23.4%，牛奶添加量为19.5%，白砂糖添加量为7.8%，蛋黄添加量为6.3%，吉利丁添加量为2.3%，柠檬汁添加量为1.6%。在此条件下，感官得分为92.5，此时慕斯的感官品质最佳。

第三节 益生菌酸奶慕斯的储藏特性分析

为了保持益生菌慕斯中益生菌的活性，一般采用冷冻或冷藏的保存方式。但长时间的低温储藏会对益生菌活性产生一定的影响，并可能引起益生菌慕斯感官品质和风味的变化[20]。因此，如何提高益生菌慕斯在储藏期间的活菌数，保持产品良好的风味和口感，是益生菌慕斯产品的研发及生产中亟须解决的重要问题。下面探讨不同储藏温度（4±1℃和-18±3℃）和时间对益生菌慕斯感官品质、活菌数、pH值、酸度、质构特性及主要风味物质的影响，以便为益生菌慕斯产品的研发和生产提供理论依据。

1. 材料与仪器

1.1 材料与试剂

益生菌菌种 *L. fermentum* grx08 和 *S. thermophiles* grx02 由江苏省乳品生物技术与安全控制重点实验室提供；恒天然脱脂乳粉、安佳稀奶油（新西兰恒天然公司）；白砂糖（上海市糖业烟酒（集团）有限公司）；百利牌吉利丁片（意大利百利凝公司）；纯牛奶、白砂糖，均为市售。

1.2 仪器与设备

SM-101 打蛋器（无锡新麦机械有限公司）；GYB60-08 型高压均质机（上海东华高压均质机厂）；SPX-250B 型生化培养箱（上海跃进医疗器械厂）；JF-SX-500 全自动灭菌锅（日本 TOMY 公司）；TMS-Pro 食品质构仪（美国 FTC 公司）；Phs-25 型数显 pH 计（上海精密科学仪器有限公司）；SPME 手动进样器，75μm CAR/PDMS 萃取纤维头（美国 Supelco 公司）；TraceISQ 气相色谱—质谱联用仪（美国 Thermo 公司）。

2. 方法

2.1 乳酸菌发酵剂的制备

将冻干保存的 *L. fermentum* grx08 菌种接种于脱脂乳培养基中，37℃活化两代，4℃冷藏备用。将冻干保存的 *S. thermophilus* grx02 菌种接种于脱脂乳培养基中，42℃活化两代，4℃冷藏备用。

2.2 发酵乳的制备

将活化好的嗜热链球菌 grx02 和发酵乳杆菌 grx08 以 10∶1 的比例混合，搅拌均匀，用于接种。

复原乳（12%全脂乳粉、7%白砂糖、81%的65℃热水）→搅拌→均质（20 MPa）→杀菌（95℃，5 min）→冷却（42℃）→接种（3%，v/v）→混匀→42℃发酵→冷藏后熟（4℃）→酸奶。

2.3 益生菌慕斯的制备

吉利丁浸泡→稀奶油打发→蛋黄、绵白糖和牛奶混匀→水浴加热（80℃时保温5 min）→冷却（60℃）→加入吉利丁融化→冷却（25℃）→加入发酵乳和打发的稀奶油拌匀→装模→冷藏或冷冻凝冻→成品→低温保存。

2.4 pH值和滴定酸度的测定

在室温条件下，每份样品各取约40 g，用pH计进行测定。

滴定酸度的测定参照 GB 5009.239—2016[15]的方法进行。

2.5 乳酸菌活菌数的测定

参照 GB 4789.35—2016[14]中乳酸菌活菌数的测定方法，测定慕斯中的活菌数。

2.6 质构特性的测定

益生菌慕斯的质构特性测定参照贺红军等[19]的方法，用 TMS-Pro 食品质构仪进行 TPA 模式测定。选用 P/25 圆柱形探头，测试速度为 1.0 cm/min，测试距离为 0.5 cm，最小触发力为 0.3 N，得到硬度、黏附性和弹性等指标值。

2.7 慕斯感官评价

由本实验室 10 名有慕斯品尝经验的人员对样品的色泽、口感、风味和组织状态进行感官评价，感官评价标准如表 2-1 所示。

2.8 慕斯风味物质分析

参照 Pinho 等[20]的方法，并略作改动。将固相微萃取头在气相色谱进样口，250℃老化 1 h，至无色谱峰出现、基线稳定。吸取 10.0 mL 样品放入 15 mL 顶空瓶中，将其置于 45℃水浴锅中平衡 20 min，将老化过后的萃取头插入样品瓶中，并于 45℃水浴中萃取 40 min，然后将萃取头拔出并迅速插入 GC-MS 进样口，解析 1 min，同时启动仪器采集数据。

气相色谱条件：采用 DB-WAX（30 m×0.25 mm，0.25 μm）色谱柱，进样口温度为 250℃；升温程序：起始温度 35℃，保留

3 min，以 5℃/min 升至 200℃，再以 10℃/min 升至 230℃，保持 10 min；载气（He）流速 0.80 mL/min；不分流进样。

质谱条件：电子电离（electronionization，EI 源），电离能 70 eV，离子源温度 200℃，发射电流 200 μA，检测电压 350 kV，质量扫描范围 35~400 amu。

定量方法：利用随机携带 Xcalibur 工作站 NIST 2002 标准库自动检索各组分质谱数据，通过峰面积归一化法得到每种挥发性风味物质的相对含量（用挥发性物质的峰面积占总挥发性风味物质的峰面积的百分比表示）。

2.9 数据处理

利用随机携带 Xcalibur 工作站 NIST 2002 标准库自动检索各组分质谱数据，按照各组分峰面积归一化法计算各组分相对含量（每种风味物质组分峰面积占离子色谱图中所有风味物质总峰面积的百分比）。使用方差分析（ANOVA，SPSS 22.0）对所有获得的数据进行统计分析，然后进行 Duncan's 均数比较检验。

3. 结果与讨论

3.1 不同储藏温度对益生菌慕斯感官品质的影响

慕斯样品分别于 4℃储藏 21 d 和 -18℃储藏 180 d，测定出的样品感官评分见表 2-16。

表 2-16 储藏期间慕斯的感官得分

储藏温度	储藏时间（d）	色泽	口感	风味	组织状态	总分
4℃	1	18.7±0.4^a	27.1±0.4^a	18.2±0.1^a	26.4±0.1^a	90.4±0.4^a
	3	18.6±0.2^a	26.7±0.2^{ab}	18.0±0.3^a	26.2±0.4^a	89.5±0.1^a
	5	18.4±0.1^{ab}	26.6±0.2^{ab}	17.8±0.2^{ab}	26.1±0.2^a	88.9±0.4^a
	7	18.3±0.5^a	26.7±0.1^b	17.9±0.4^{ab}	25.9±0.1^{ab}	88.8±0.1^a
	14	18.1±0.4^a	23.6±0.3^c	17.6±0.6^{ab}	25.3±0.4^a	84.6±0.4^b
	21	18.0±0.2^a	15.5±0.3^d	13.1±0.4^c	22.3±0.2^b	68.9±0.2^c
-18℃	1	18.8±0.4^a	27.5±0.2^a	18.6±0.2^a	26.3±0.3^a	91.2±0.4^a
	3	18.3±0.4^a	27.3±0.2^a	18.6±0.2^a	26.1±0.2^a	90.3±0.2^a
	5	18.4±0.5^a	27.2±0.4^a	18.4±0.1^a	26.0±0.4^a	90.0±0.2^a
	7	18.3±0.1^a	27.6±0.4^a	18.3±0.2^a	26.1±0.1^a	90.4±0.4^a
	14	18.3±0.4^a	27.4±0.4^a	18.6±0.1^a	26.2±0.1^a	90.5±0.1^a
	21	18.3±0.7^a	26.8±0.4^{ab}	18.4±0.3^a	25.8±0.4^{ab}	89.3±0.4^{ab}
	30	18.3±0.3^a	26.6±0.4^a	18.3±0.4^a	25.0±0.2^{ab}	88.2±0.4^{ab}
	90	18.3±0.1^a	26.7±0.4^a	18.1±0.2^a	25.0±0.4^{ab}	88.1±0.4^{ab}
	180	18.3±0.1^a	25.3±0.4^b	16.0±0.1^b	25.1±0.1^{ab}	84.7±0.4^b

注：同列数据肩标小写字母完全不同的，表示差异显著（$P<0.05$），有任何相同小写字母或无字母的表示差异不显著（$P>0.05$）。

由表 2-16 可以看出，随着储存时间的延长，2 组慕斯样品的感官评分均呈逐渐下降趋势，其中4℃冷藏慕斯的感官评分下降速度较快，在储藏第14 d 时感官评分显著下降（$P<0.05$）；而-18℃储藏的慕斯样品感官品质相对较稳定，在冻藏30 d 期间感官品质无显著性差异（$P>0.05$），第90 d 和第180 d 时显著降低（$P<0.05$），但仍显著高于冷藏21 d 时的样品。这是因为在冷藏期间，一方面慕斯中的乳酸菌仍具有一定的活性，可以继续分解糖类产生有机酸，酸度的增加影响了慕斯的风味和口感；另一方面由于

慕斯凝胶中的水分重新分布及挥发，慕斯中的水分减少，而表面有少量水分析出，都是造成慕斯感官品质下降的原因。-18℃冷冻储藏条件下，慕斯的感官品质相对稳定，降低幅度较慢，表现为色泽均匀，组织状态均匀。-18℃储藏 180 d 后益生菌慕斯的感官得分为 84.7 分，说明-18℃冻藏有利于维持慕斯的品质，原因是储存温度的降低会减缓食品随时间恶化的化学反应和微生物生长速率。

3.2 不同储藏温度对益生菌慕斯活菌数的影响

慕斯样品分别于 4℃储藏 21 d 和-18℃储藏 180 d，测定出的样品活菌数如图 2-3 所示。

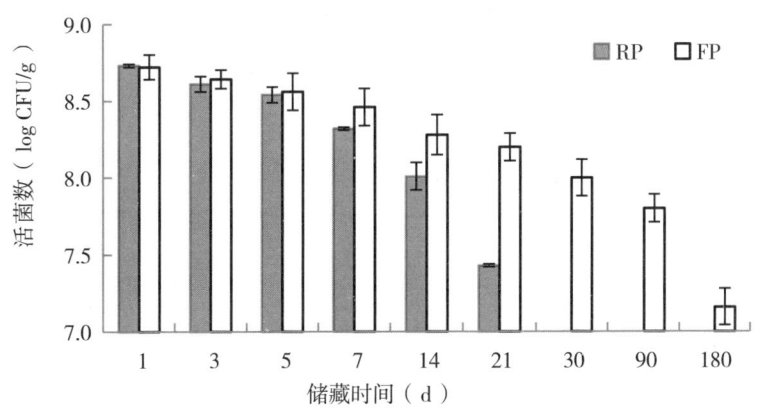

图 2-3 不同储藏温度下益生菌慕斯活菌数的变化

注：RP——4℃冷藏慕斯，FP——-18℃冻藏慕斯。

由图 2-3 可以看出，慕斯样品分别在 4℃储藏 21 d 和-18℃储藏 180 d 的活菌数均高于 7.0 log CFU/g。随着储藏时间的延长，2 组慕斯样品的活菌数均逐渐降低，其中冷藏的慕斯样品由第1 d的8.73 log CFU/g下降到第21 d的7.43 log CFU/g，且在冷藏至14 d时活菌数下降幅度较大；相比冷藏的益生菌慕斯，冷冻慕斯的活菌数下降速度较慢，在第180 d时仍有7.16 log CFU/g。在相同的储藏时间，在-18℃冷冻保存的慕斯具有更高的活菌数，这是因为冷藏慕斯中的乳酸菌仍具有较高的活性，会继续分解糖类形成乳酸，酸度的升高是造成益生菌活菌数降低的主要原因。上述结果说明冻藏更有利于保持慕斯中益生菌的活性。

3.3　不同储藏温度对益生菌慕斯pH值和滴定酸度的影响

益生菌酸奶慕斯分别储藏于4℃和-18℃冰箱，储藏期间pH值和滴定酸度的变化如表2-17所示。

表2-17　储藏期间慕斯pH值和酸度的变化

储藏时间	pH值		酸度	
	4℃	-18℃	4℃	-18℃
1	5.20±0.05^a	5.23±0.03^a	61.23±0.03^{de}	59.62±0.03^d
3	5.16±0.03^a	5.21±0.03^a	62.89±0.03^d	61.23±0.03^d
5	5.08±0.03^{ab}	5.12±0.03^a	70.56±0.03^c	62.32±0.03^d
7	5.03±0.03^b	5.08±0.03^{ab}	77.32±0.03^b	65.23±0.03^{cd}
14	4.85±0.03^c	5.06±0.03^{ab}	78.12±0.03^{ab}	66.36±0.03^{cd}
21	4.67±0.03^d	5.06±0.00^{ab}	79.36±0.03^a	68.56±0.03^c
30	—	4.92±0.03^c	—	72.95±0.03^b
90	—	4.78±0.03^{cd}	—	75.62±0.03^{ab}
180	—	4.72±0.03^d	—	80.12±0.03^a

注："—"表示未测。同列数据肩标小写字母完全不同的，表示差异显著（$P<0.05$），有任何相同小写字母或无字母的表示差异不显著（$P>0.05$）。

由表 2-17 可知，在 4℃冷藏 21 d 和在-18℃冻藏 180 d 期间，益生菌酸奶慕斯的 pH 值呈逐渐降低的趋势，而滴定酸度均呈逐渐上升趋势；4℃冷藏的酸奶慕斯的 pH 值和滴定酸度变化速度明显大于-18℃冻藏的样品；冷藏的慕斯 21 d 后 pH 值下降了 0.53，酸度上升了 18.13°T，而冻藏 180 d 时 pH 值仅下降了 0.51，酸度却上升了 20.50°T。上述结果说明慕斯中的乳酸菌在 4℃冷藏时仍具有较高的活性，能继续分解糖类产生乳酸，使得慕斯的酸度继续升高；而冷冻的慕斯中乳酸菌活性较低，酸度变化较小，对产品的口感及益生菌的活性保持均有益处。

3.4 不同储藏温度对益生菌慕斯质构特性的影响

慕斯样品分别于 4℃储藏 21 d 和在-18℃储藏 180 d，储藏期间测定样品的质构特性如表 2-18 所示。

表 2-18 储藏期间慕斯质构特性的变化

储藏时间	硬度		弹性（mm）		咀嚼性	
	4℃	-18℃	4℃	-18℃	4℃	-18℃
1	0.49±0.01[e]	0.32±0.02[d]	5.58±0.04[a]	5.68±0.12[a]	1.33±0.02[c]	1.35±0.05[e]
3	0.55±0.01[d]	0.36±0.05[d]	5.57±0.02[a]	5.68±0.13[a]	1.38±0.04[c]	1.38±0.12[e]
5	0.58±0.03[c]	0.37±0.03[cd]	5.51±0.04[ab]	5.65±0.06[a]	1.50±0.04[b]	1.53±0.02[d]
7	0.63±0.01[b]	0.44±0.03[bc]	5.48±0.02[bc]	5.66±0.18[a]	1.53±0.12[b]	1.61±0.07[cd]
14	0.66±0.01[ab]	0.44±0.03[bc]	5.41±0.09[c]	5.58±0.09[ab]	1.70±0.04[a]	1.63±0.03[cd]
21	0.68±0.02[a]	0.46±0.02[ab]	5.41±0.02[c]	5.52±0.05[ab]	1.79±0.03[a]	1.66±0.07[bc]
30	—	0.47±0.04[ab]	—	5.42±0.23[b]	—	1.74±0.02[ab]
90	—	0.49±0.00[ab]	—	4.95±0.03[c]	—	1.76±0.07[ab]
180	—	0.54±0.09[a]	—	4.87±0.09[c]	—	1.81±0.06[a]

注："—"表示未测。同列数据肩标小写字母完全不同的，表示差异显著（$P<0.05$），有任何相同小写字母或无字母的表示差异不显著（$P>0.05$）。

通过分析慕斯在冷藏和冷冻期间的质构特性，可以发现慕斯口感和组织状态的细微变化。由表2-18可知，随着储藏时间的延长，2组慕斯样品的硬度均呈逐渐上升趋势，说明储藏时间对慕斯的硬度值有显著影响（$P<0.05$）。在储藏过程中水—固相之间的相互作用一直在增强。另外，冷冻储藏的慕斯硬度显著低于冷藏慕斯，可能是因为慕斯中的水分在形成冰晶时存在收缩作用，使得慕斯中气泡间的隔膜变薄，影响了气泡的稳定性[21]。而冷藏慕斯中水以液体形态存在，慕斯中的气泡存在轻微移动性，泡沫稳定时间较长，可能增加了产品的硬度[22]。另外，冷冻保藏的慕斯样品在测定其质构特性时，必须先在4℃条件下进行解冻处理，这个过程中由于冰晶体的机械损伤，使得慕斯的微观结构发生变化，可能会导致慕斯硬度的下降[23]。此外，随着储藏时间的延长，咀嚼性升高，可能是凝胶在储藏过程中网状结构趋于稳定，使其具有更高的咀嚼性。冷藏期间慕斯的弹性显著下降，而冻藏条件下慕斯的弹性变化不显著，说明冻藏更有利于慕斯质构特性的稳定。

3.5 不同储藏温度对益生菌慕斯风味物质的影响

表2-19 慕斯样品中挥发性风味成分的相对含量（%）

序号	风味物质	4℃	-18℃
	酮类（7）	53.61	58.56
1	3-羟基-2-丁酮	24.93	25.31
2	2,3-丁二酮	11.82	12.31
3	2-庚酮	9.18	11.60
4	2-壬酮	5.70	7.27

(续表)

序号	风味物质	4℃	-18℃
5	2-十一酮	1.08	1.38
6	2,3-戊二酮	0.77	0.52
7	2-十三酮	0.13	0.17
	醇类（7）	9.69	10.59
1	正己醇	5.10	5.88
2	糠醇	1.49	1.61
3	1-丁醇	1.20	0.87
4	1-戊醇	1.08	1.09
5	1-辛醇	0.58	0.70
6	1-辛烯-3-醇	0.16	0.36
7	3-甲基-2-丁烯醇	0.07	0.08
	酸类（6）	10.30	6.20
1	乙酸	3.95	0.88
2	丁酸	2.72	2.15
3	己酸	2.38	1.89
4	辛酸	0.78	0.83
5	癸酸	0.39	0.32
6	2-甲基丙酸	0.09	0.14
	醛类（5）	8.88	4.50
1	乙醛	7.42	3.24
2	壬醛	0.63	0.73
3	安息香醛	0.39	—
4	癸醛	0.28	0.31
5	反-2-辛烯醛	0.17	0.21
	酯类（3）	1.16	1.17
1	甲酸庚酯	0.92	0.89
2	丁位癸内酯	0.14	0.18

(续表)

序号	风味物质	4℃	-18℃
3	丁位十二内酯	0.10	0.10
	其他（2）	0.73	1.00
1	L-柠檬烯	0.46	0.47
2	2-乙酰基呋喃	0.28	0.53
	主要挥发性风味物质总计	84.38	82.02

注："—"表示样品中该风味化合物未检测出。

风味是评价食品品质的重要指标，同时也是影响消费者对产品认可度的重要因素[24]。由表2-19可知，两组益生菌慕斯样品中共检测出30种主要挥发性风味物质，其中酮类物质7种、醇类物质7种、酸类物质5种、醛类物质6种、酯类物质3种，其他类物质2种。慕斯中含量最高的3种挥发性成分为3-羟基-2-丁酮、2,3-丁二酮和2-庚酮，酮类物质是不饱和脂肪酸经过氧化、热降解或微生物代谢的产物，上述实验结果说明酮类物质是益生菌酸奶慕斯的主要呈味物质。

与4℃冷藏的益生菌慕斯相比，-18℃冻藏的慕斯中的主要挥发性风味物质的总含量略有降低，其中酸类物质和醛类物质总量显著降低。乙酸、丁酸和己酸的含量也均有所降低，这是因为冷冻降低了乳酸菌的活性，其产酸速率显著降低。这也与滴定酸度测定的结果一致。此外，-18℃冻藏慕斯中的酮类物质总含量显著高于4℃冷藏的慕斯，其中3-羟基-2-丁酮、2,3-丁二酮、2-庚酮、2-壬酮等主要风味物质的含量明显升高。3-羟基-2-丁酮和2,3-丁二酮是发酵乳中的主要风味物质，呈现奶油香味。上述结果说明-18℃冷冻储藏更有利于保持益生菌慕斯的风味。

Figueroa等[26]研究证实温度对鼠李糖乳杆菌发酵乳风味物质含量具有决定作用,本试验中冷冻储藏时抑制了乳酸菌的活性和代谢速度,是慕斯中挥发性风味物质含量降低的主要原因。

4. 结论

本研究表明,储藏温度不同,益生菌慕斯的感官品质、活菌数、酸度和主要风味物质会存在明显的差异。随着储藏时间的延长,益生菌慕斯的滴定酸度均呈现上升趋势,感官品质、pH值和活菌数均逐渐降低,在4±1℃冷藏14 d和在-18±3℃冻藏180 d时感官品质均显著低于储藏初期的样品。与4℃储存的益生菌慕斯相比,-18℃冷冻储存的慕斯后酸化速度更慢,产品感官品质更稳定,活菌数下降速度慢,产品的风味变化小等。因此,采用-18℃冷冻储藏更有利于保持益生菌酸奶慕斯的活菌数和品质稳定性。

第四节　益生菌奶酪慕斯的研制

本研究在益生菌酸奶慕斯的基础上,用奶油奶酪代替蛋黄,研制出一款具有乳酪香味、蛋白质含量丰富的益生菌奶酪慕斯。奶酪也叫干酪、乳酪、芝士等,是一种在牛奶或羊奶中,以适量乳酸菌发酵剂和凝乳酶发酵凝固奶中的蛋白质(主要是酪蛋白),排除乳清,并经一定时间的成熟而制成的发酵乳制品。奶酪与酸奶有相似之处,但营养价值高于酸奶[26]。奶油奶酪(Cream

Cheese）是一种脂肪含量大约为35%的软质奶酪[27]。奶油奶酪富含蛋白质、钙和脂溶性维生素，奶香味浓郁、酸味温和，加入慕斯中不仅提高了慕斯口感的细腻度，还赋予了慕斯奶酪香味和更高的营养价值。

本研究以益生菌发酵乳、稀奶油、奶油奶酪、吉利丁为主要原料，添加白砂糖、柠檬汁等调味料，研制了一款具有较高营养价值和功能特性的益生菌奶酪慕斯。通过单因素试验和正交试验，测定了稀奶油、奶油奶酪、白砂糖、吉利丁添加量对益生菌奶酪慕斯的感官、质构、pH值、滴定酸度和活菌数的影响，确定了益生菌乳酪慕斯的最佳配方。研究冷冻温度和时间对益生菌奶酪慕斯品质的影响，确定了慕斯的凝固工艺。研究益生菌奶酪慕斯在冷冻储藏期间的品质变化，确定了慕斯的储藏保质期。

1. 材料与设备

1.1 实验材料与试剂

益生菌菌种：发酵乳杆菌grx08（*L. fermentum* grx08）和嗜热链球菌grx02（*S. thermophiles* grx02）由扬州大学江苏省乳品生物技术与安全控制重点实验室提供；安佳稀奶油（新西兰恒天然公司）；百利牌吉利丁片（意大利百利凝公司）；安佳奶油奶酪（新西兰恒天然公司）；牛奶、白砂糖，均为市售。

1.2 仪器与设备

PHS-3C型数显pH计（上海雷磁仪表厂）；SPX-250B型生

化培养箱（上海跃进医疗器械厂）；SM-101型打蛋器（无锡新麦机械有限公司）；GYB60-08型高压均质机（上海东华高压均质机厂）；SPX-150BSH型生化培养箱（上海新苗医疗器械制造有限公司）；F-SX-500型全自动灭菌锅（日本TOMY公司）；TMS-pro型食品质构仪（美国FTC公司）。

2. 试验方法

2.1 益生菌的活化培养

将冻干保存的 *L. fermentum* grx08 菌种接种于脱脂乳培养基中，37℃活化两代，4℃冷藏备用。将冻干保存的 *S. thermophilus* grx02 菌种接种于脱脂乳培养基中，42℃活化两代，4℃冷藏备用。

2.2 益生菌发酵乳的制备

配料（全脂乳粉12%、白砂糖7%）→搅拌→均质（23 MPa）→杀菌（95℃，5 min）→冷却（42℃）→接种（3%，v/v）→混匀→42℃发酵培养→冷藏后熟（4℃）→成品。

2.3 益生菌奶酪慕斯的制作

2.3.1 益生菌奶酪慕斯的基础配方

表 2-20 益生菌奶酪慕斯的基础配方

原料	质量（g）	质量百分比（%）
益生菌发酵乳	100	38.5
奶油奶酪	60	23.1
稀奶油	40	15.4
牛奶	30	11.5
白砂糖	20	7.7
吉利丁	6	2.3
柠檬汁	4	1.5
合计	260	100

2.3.2 益生菌奶酪慕斯的工艺流程

吉利丁浸泡→稀奶油打发→蛋黄、白砂糖和牛奶混匀→水浴加热（80℃时保温 5 min）→加入奶油奶酪搅拌均匀→加入吉利丁融化→冷却（25℃）→加入发酵乳和打发的稀奶油拌匀→装模→冷藏或冷冻凝冻→成品→低温保存。

2.3.3 益生菌奶酪慕斯的操作要点

吉利丁片冷水浸泡 15 min 后沥干水分备用，稀奶油打至六成发冷藏备用。奶油奶酪隔水加热，并搅拌至顺滑，白砂糖、牛奶、吉利丁片倒入打蛋盆中，置于 60℃水浴中边加热边搅拌，使吉利丁和白砂糖完全融化后，过筛倒入奶油奶酪中，加入柠檬汁拌匀。继续冷却至 25℃时，加入益生菌发酵乳和打至六成发的稀奶油，搅拌均匀后，分装入慕斯杯中，分别置于 4℃和-18℃冰箱中凝固定型。-18℃储藏的慕斯样品于测定前 2 h 取出，放入 4℃冰箱解冻。

2.4 益生菌奶酪慕斯的配方优化

2.4.1 单因素试验设计

按照益生菌奶酪慕斯的制作工艺流程制备慕斯样品。在基础配方中,发酵乳添加量固定为 100 g,研究奶油奶酪添加量(50 g、60 g、70 g、80 g、90 g),稀奶油添加量(30 g、40 g、50 g、60 g、70 g),白砂糖添加量(15 g、20 g、25 g、30 g、35 g),牛奶添加量(20 g、25 g、30 g、35 g、40 g)等因素对益生菌酸奶慕斯品质的影响。

2.4.2 正交试验

以上讨论了各单因素对益生菌奶酪慕斯质量的影响,但在实际生产中,成品质量是受这些因素相互交叉的综合影响。实验结果表明,吉利丁的添加量和冷冻温度对慕斯的影响并不是很大,为节约成本,故忽略其正交影响。因此,为全面考查其他因素对制品的影响,尚需进一步设计正交实验。

2.5 益生菌奶酪慕斯的感官评定

评分小组由 10 位接受过感官评定培训的学生和老师组成,按照表 2-1 评分标准对慕斯的色泽、口感、风味和组织状态进行打分,结果取三次评分的平均值。

2.6 质构分析

益生菌酸奶慕斯的质构特性测定参照贺红军等[19]的方法,用 TMS-Pro 食品质构仪进行 TPA 模式测定。选用 P/25 圆柱形探头,测试速度为 1.0 cm/min,测试距离为 0.5 cm,最小触发力为

0.3 N,得到硬度、黏附性和弹性等指标值。

2.7 pH值和滴定酸度的测定

在室温条件下,每份样品各取约40 g,用pH计进行测定。滴定酸度的测定参照GB 5009.239—2016[15]的方法进行。

2.8 活菌数测定

将慕斯放入37℃水浴中加热融化,参照GB 4789.35—2016[14]中乳酸菌活菌数的测定方法测定慕斯中的活菌数。

2.9 统计学分析

利用SPSS 22.0统计分析软件对数据进行差异显著性分析,并用Excel 2010作图。

3. 结果与讨论

3.1 奶油奶酪添加量对益生菌奶酪慕斯感官品质的影响

不同奶油奶酪添加量的益生菌奶酪慕斯感官评定结果如表2-21所示。

表2-21 不同奶油奶酪添加量的益生菌奶酪慕斯感官得分

奶油奶酪添加量（g）	色泽（分）	口感（分）	风味（分）	组织（分）	总分
50	18.2±0.1^a	26.2±0.1^a	16.6±0.3^b	26.2±0.3^a	87.2±0.2^b

(续表)

奶油奶酪添加量（g）	色泽（分）	口感（分）	风味（分）	组织（分）	总分
60	18.1±0.2^a	27.1±0.2^a	16.8±0.1^b	26.6±0.2^a	88.6±0.1^b
70	17.9±0.3^a	28.0±0.4^a	17.9±0.3^a	26.7±0.1^a	90.5±0.4^a
80	18.1±0.1^a	27.6±0.3^a	18.1±0.1^a	26.3±0.3^a	90.1±0.3^a
90	17.8±0.1^a	25.7±0.1^a	15.3±0.2^c	25.2±0.1^c	84.0±0.5^c

注：同列数据肩标小写字母完全不同的，表示差异显著（$P<0.05$），有任何相同小写字母或无字母的表示差异不显著（$P>0.05$）。

由表2-21可知，随着奶油奶酪添加量的增加，益生菌奶酪慕斯的颜色变黄，但不影响其感官评分，其组织状态的变化较小，而产品的奶酪香味和酸味随着奶酪添加量的增加而增大；当奶油奶酪的添加量较少时，酸味淡，奶油奶酪香气不够浓郁，产品细腻度不够；当奶油奶酪的添加量较多时，慕斯的颜色变深，组织均匀度略有下降，口感的硬度增加，酸味较重，使得质地较硬。当奶油奶酪的添加量为70~80 g时，益生菌奶酪慕斯的感官评分较高。

3.2 稀奶油添加量对益生菌奶酪慕斯感官品质影响

表2-22 不同稀奶油添加量的益生菌奶酪慕斯感官得分

稀奶油添加量（g）	色泽（分）	口感（分）	风味（分）	组织（分）	总分
30	18.2±0.3^a	25.4±0.1^c	14.4±0.1^a	25.5±0.1^b	83.5±0.3^c
40	18.3±0.2^a	26.3±0.1^b	16.8±0.3^a	27.2±0.2^a	88.6±0.2^{ab}

(续表)

稀奶油添加量（g）	色泽（分）	口感（分）	风味（分）	组织（分）	总分
50	18.1±0.1[a]	27.6±0.2[a]	17.5±0.1[a]	27.1±0.4[a]	90.3±0.4[a]
60	18.0±0.2[a]	27.6±0.4[a]	17.8±0.2[a]	26.8±0.1[ab]	90.2±0.3[a]
70	17.9±0.4[a]	25.7±0.2[c]	17.3±0.0[a]	27.1±0.2[a]	88.0±0.3[b]

注：同列数据肩标小写字母完全不同的，表示差异显著（$P<0.05$），有任何相同小写字母或无字母的表示差异不显著（$P>0.05$）。

由表2-22可以看出，随着稀奶油添加量的增加，益生菌奶酪慕斯的色泽评分无显著性差异，口感和风味的得分呈先升高后降低的趋势，当添加量达到50 g以上时，组织状态较细腻，顺滑；当稀奶油添加量较少时，奶油香味不足，质地较硬，口感不够细腻；稀奶油添加量较多时，产品质地柔软，奶油香味浓郁，但口感略显油腻，其他风味较淡。当稀奶油添加量为50~60g时，产品的感官得分较高。

3.3 白砂糖添加量对益生菌奶酪慕斯的影响

不同白砂糖添加量的益生菌奶酪慕斯感官评价结果，如表2-23所示。

表2-23 不同白砂糖添加量的益生菌奶酪慕斯感官得分

白砂糖添加量（g）	色泽（分）	口感（分）	风味（分）	组织（分）	总分
15	17.3±0.2[b]	23.4±0.1[c]	14.2±0.1[c]	23.8±0.1[c]	78.7±0.1[c]

(续表)

白砂糖添加量（g）	色泽（分）	口感（分）	风味（分）	组织（分）	总分
20	17.7±0.1^b	25.6±0.2^b	16.1±0.2^b	25.3±0.2^b	84.7±0.1^b
25	18.2±0.3^a	27.6±0.5^a	17.7±0.3^a	27.4±0.5^a	90.9±0.2^a
30	18.4±0.5^a	27.0±0.2^a	17.4±0.4^a	27.6±0.3^a	90.4±0.5^a
35	18.6±0.1^a	23.4±0.2^c	15.2±0.1^c	25.9±0.0^b	83.1±0.3^b

注：同列数据肩标小写字母完全不同的，表示差异显著（$P<0.05$），有任何相同小写字母或无字母的表示差异不显著（$P>0.05$）。

添加白砂糖可以增加慕斯的甜味、弹性和光泽，同时糖还具有增加黏度、保湿的作用。由表2-23可以看出，随着白砂糖添加量的增加，慕斯变得有光泽，亮度增加，甜味和口感均有所改善；口感、风味、组织状态得分和总分均呈先增加后降低的趋势。当白砂糖添加量较低时，慕斯甜度低，无光泽，酸味较重，且组织状态不够细腻；当白砂糖添加量较高时，慕斯口感太甜，掩盖了奶油奶酪和发酵乳的香味。当白砂糖添加量为25~30 g时，慕斯样品的感官评分总分较高，此时慕斯的口感细腻、酸甜适中。

3.4 牛奶添加量对益生菌奶酪慕斯感官品质的影响

不同牛奶添加量的益生菌奶酪慕斯感官品质测定结果，如表2-24所示。

表 2-24 不同牛奶添加量的益生菌奶酪慕斯感官得分

牛奶添加量（g）	色泽（分）	口感（分）	风味（分）	组织（分）	总分
20	18.3±0.1^a	21.4±0.2^d	17.2±0.4^b	20.5±0.3^c	77.4±0.3^c
25	18.6±0.2^a	25.6±0.3^c	17.1±0.4^b	24.3±0.4^b	85.6±0.4^b
30	18.5±0.0^a	27.6±0.2^a	17.7±0.3^a	26.4±0.2^a	90.2±0.1^a
35	18.5±0.5^a	27.7±0.1^a	17.7±0.1^a	26.6±0.7^a	90.5±0.3^a
40	18.4±0.1^a	26.9±0.4^b	16.8±0.3^c	25.9±0.0^a	88.0±0.4^b

注：同列数据肩标小写字母完全不同的，表示差异显著（$P<0.05$），有任何相同小写字母或无字母的表示差异不显著（$P>0.05$）。

慕斯中添加牛奶的作用是溶解各类干性原料，起到调节慕斯干湿平衡的作用。另外，如果使用水作为液体材料，慕斯在冷冻期间容易形成大颗粒的冰晶，影响产品的组织状态和口感；而使用牛奶，慕斯冷冻后仍可以保持较均匀的组织，口感的变化也较小。牛奶添加量对慕斯的口感、风味和组织状态均会产生影响。由表2-24可以看出，随着牛奶添加量的增加，慕斯的色泽变化不明显，但口感、风味和组织状态得分呈先升高后降低的趋势。当牛奶添加量较低时，慕斯口感较硬，组织不够细腻；当牛奶添加量较高时，口味变淡；当牛奶的添加量为30~35 g时，益生菌奶酪慕斯的感官得分最高，表面平整光滑，口感细腻滑爽，奶香味浓郁。

3.5 益生菌奶酪慕斯的最佳配方确定

根据单因素试验的结果，对益生菌奶酪慕斯的配方进行优化。设计$L_9(3^4)$正交试验因素水平表，如表2-25所示。

表 2-25 正交试验结果

试验号	列号				感官得分
	A 奶油奶酪添加量（g）	B 稀奶油添加量（g）	C 白砂糖添加量（g）	D 牛奶添加量（g）	
1	1（70）	1（50）	1（25）	1（30）	79.1
2	1	2（55）	2（27.5）	2（35）	87.5
3	1	3（60）	3（30）	3（40）	89.5
4	2（75）	1	2	3	87.6
5	2	2	3	1	86.5
6	2	3	1	2	91.2
7	3（80）	1	3	2	82.6
8	3	2	1	3	89.7
9	3	3	2	1	86.8
K_1	85.4	83.1	86.7	84.1	
K_2	88.4	87.9	87.3	87.1	
K_3	86.4	89.2	86.2	88.9	
极差 R	3.066	6.067	1.100	4.800	

由表 2-25 可知，影响益生菌奶酪慕斯产品质量的因素主次顺序是 B>D>A>C，即稀奶油添加量影响最大，其次是牛奶添加量、奶油奶酪添加量，最后是白砂糖添加量。再根据 K 值可知，其最优方案为 $A_2B_3C_2D_3$，则益生菌奶酪慕斯的最佳配方为奶油奶酪添加量 75 g，稀奶油添加量为 60 g，白砂糖添加量为 27.5 g，牛奶添加量为 40 g。

表 2-26 最佳配方

原料	质量（g）	质量百分比（%）
益生菌发酵乳	100.0	32.0
奶油奶酪	75.0	24.0
稀奶油	60.0	19.2
白砂糖	27.5	8.8
牛奶	40.0	12.8
柠檬汁	4.0	1.3
吉利丁	6.0	1.9
合计	312.5	100

3.6 验证试验

为验证试验结果是否符合真实情况，用最优配方制得 3 批样品，进行感官评定，对评定结果进行分析，最优配方制作的 3 批样品的感官评分的平均分为 91.8 分。验证试验结果与正交试验结果吻合，表明此次正交试验得出的最佳配方可靠性好。

3.7 益生菌奶酪慕斯营养成分分析

表 2-27 每 100g 各成分所含营养素

成分	能量 (kcal)	三大营养素			其他营养素	
		蛋白质（g）	脂肪（g）	碳水化合物（g）	钠（mg）	钙（mg）
益生菌发酵乳	57	1.1	0.4	10.0	27.7	146.0
稀奶油	350	0.6	36.4	3.7	30.0	14.0
奶油奶酪	295	1.8	28.6	4.8	505	92.0

(续表)

成分	能量 (kcal)	三大营养素			其他营养素	
		蛋白质(g)	脂肪(g)	碳水化合物(g)	钠(mg)	钙(mg)
柠檬汁	23	0.1	0.2	4.6	3	0
牛奶	62	0.4	3.5	4.8	62	100
白砂糖	400	0	0	99.9	0.4	20
吉利丁	41.6	0.4	1.1	18.6	0	0

表 2-28 每 100g 产品所含营养素

成分	每100g所含质量/g	能量(kJ)	三大营养素			其他营养素	
			蛋白质(g)	脂肪(g)	碳水化合物(g)	钠(mg)	钙(mg)
益生菌发酵乳	32.0	18.2	1.1	0.1	3.2	8.9	46.7
稀奶油	19.2	84.0	0.6	8.7	0.9	7.2	3.4
奶油奶酪	24.0	56.6	1.8	5.5	0.9	97.0	17.7
柠檬汁	1.3	2.0	0.1	0	0.4	0.3	0
牛奶	12.8	7.9	0.4	0.5	0.6	7.9	12.8
白砂糖	8.8	5.2	0	0	1.3	0	0.3
吉利丁	1.9	0.8	0.4	0	0.4	0	0
总计	100	174.7	4.4	14.8	7.7	121.3	80.9

表 2-27 分析了每 100 g 益生菌奶酪慕斯中各种成分的营养价值。表 2-28 分析了每 100 g 益生菌奶酪慕斯所含的能量和营养素。除了表中所涉及的营养素外，益生菌发酵乳、稀奶油、奶油奶酪、牛奶等奶制品富含维生素 B_2；柠檬汁富含维生素 C；奶油奶酪富含膳食纤维。综上所述，我们所研发的益生菌奶酪慕斯的确是一款富含营养的甜品。

4. 结论

通过对益生菌奶酪慕斯的配方、制作工艺和储藏期间的品质变化的研究，我们得出了以下三个结论：

（1）益生菌奶酪慕斯的最佳配方为：益生菌发酵乳 32.0%，奶油奶酪 24.0%，稀奶油 19.2%，白砂糖 8.8%，牛奶 12.8%，吉利丁 1.9%，柠檬汁 1.3%。

（2）在 -18℃ 的温度下冷冻 60 min 后所获得的益生菌奶酪慕斯色泽均匀、口感细腻爽滑，无冰碴和颗粒，酸甜可口，奶香浓郁，风味独特，结构均匀，孔洞较小，美味可口，造型时尚精致。

（3）益生菌奶酪慕斯的最佳储藏期为 5 d。产品在 4℃ 冷藏 5 d 期间，感官特性较好，硬度、内聚性、咀嚼性、pH 值、酸度稳定，益生菌活菌数量保持在 10^8 CFU/mL 以上，完全符合我国卫生部对益生菌食品的标准。

由此可以看出，该所研发的益生菌奶酪慕斯是一款富含营养的益生菌甜品。

本章参考文献

[1] MIN G, ZIPEI Z, CHEP A, et al. Encapsulation of *Bifidobacterium pseudocatenulatum* G7 in gastro protective microgels: Improvement of the bacterial viability under simulated gastro intestinal conditions [J]. Food Hydrocolloids, 2019, 91 (1): 283-289.

[2] OLIVOLISA. Flourishing Flora: Probiotics & Prebiotics Market Update [J]. Nutraceuticals World, 2014, 17 (3): 38-41.

[3] BURITI F C A, SAAD S M. Chilled milk-based desserts as emerging probiotic and prebiotic products [J]. Critical Reviews in Food Science and Nutrition, 2014, 54 (2): 139-150.

[4] AGARKOVAE Y, KRUCHININA G, GLAZUNOVAO A, et al. Whey Protein Hydrolysate and Pumpkin Pectin as Nutraceutical and Prebiotic Components in a Functional Mousse with Antihy pertensive and Bifidogenic Properties [J]. Nutrients, 2019, 11 (12): 2930-2943.

[5] 陈霞, 王娜, 包一枫, 等. 益生菌乳制甜点的开发与研究现状 [J]. 美食研究, 2017, 34 (2): 47-52.

[6] CARDARELLI H R, ARAGON-ALEGROL C, ALEGRO J H A, et al. Effect of inulin and *Lactobacillus paracasei* on sensory and in strumental texture properties offunctionalchocolatemousse [J]. Journal of the Science of Food & Agriculture, 2008, 88 (8):

1318-1324.

[7] ARAGON-ALEGRO LC, ALEGRO J H C, CARDARELLI H R, et al. Potentially probiotic and symbiotic chocolate mousse [J]. LWT-Food Scienceand Technology, 2007, 40 (4): 669-675.

[8] 顾瑞霞, 黄玉军, 梁文星, 等. 具有辅助降血脂功能的发酵乳杆菌 grx08 及其应用, ZL201310309222.7 [P]. 2014-11-26.

[9] 顾瑞霞, 黄玉军, 梁文星, 等. 具有辅助降血脂功能的发酵乳杆菌 grx08 及其应用, ZL201310309222.7 [P]. 2013-10-02.

[10] 顾瑞霞, 陈大卫, 伍云, 等. 源于广西巴马长寿村的鼠李糖乳杆菌在辅助降血脂方面的应用, ZL201410122292.6 [P]. 2014-07-02.

[11] 顾瑞霞, 瞿恒贤, 刘东方, 等. 鼠李糖乳杆菌 grx19 在调节肠道菌群中的应用, ZL201610390305.7 [P]. 2016-09-07.

[12] 顾瑞霞, 王慧晶, 杨振泉, 等. 具有酒精性肝损伤保护功能的嗜热链球菌 grx02 及其制备方法、用途, ZL200810023012.0 [P]. 2008-12-24.

[13] 顾瑞霞, 徐寅, 刘彩平. 用于豆乳制品发酵的嗜热链球菌 grx90 及其用途, ZL201010139477.X [P]. 2010-12-08.

[14] 中华人民共和国卫生部. GB 4789.35—2016 食品安全国家标准食品微生物学检验乳酸菌检验 [S]. 北京: 中国标准出版社, 2010.

[15] 中华人民共和国卫生部. GB5009.239—2016 食品安全

国家标准食品酸度的测定［S］．北京：中国标准出版社，2016.

［16］AGARKOVAE Y, KRUCHININA G, GLAZUNOVAOA, et al. Whey Protein Hydrolysate and Pumpkin Pectinas Nutraceutical and Prebiotic Components in a Functional Mousse with Antihy pertensive and Bifidogenic Properties［J］．Nutrients, 2019, 11 (12): 2930-2943.

［17］DOUGLAS X B, EGIDIO D L, ANDREA N C S, et al. Effect of the consumption of a symbiotic diet mousse containing *Lactobacillus acidophilus* LA-5 by individuals with metabolic syndrome: A randomized controlled trial［J］．Journal of Functional Foods, 2018, 41 (1): 55-61.

［18］王娜．益生菌慕斯的配方优化及其抗氧化功能研究［D］．扬州：扬州大学，2018.

［19］贺红军，张雪婷，邹慧，等．低脂冰淇淋质构与感官评价的相关性研究［J］．食品科技，2015，40（2）：338-343.

［20］PINHO O, FERREIR A I, FERREIRA M A. Solid-phase microextraction in combination with GC/MS for quantification of the major volatile free fatty acids in ewe cheese［J］．Analytical Chemistry, 2002, 74 (20): 5199-5204.

［21］DALGLEISH D G. Food emulsions-theirstructures and structure-forming properties［J］．Food Hydrocolloids, 2006, 20 (4): 415-422.

［22］HAISSAR C, LINAC A A, JOAOHA A, et al. Effect of inulin and *Lactobacillus paracasei* on sensory and instrumental texture properties of functional chocolate mousse［J］．Journal of the Science of Food & Agriculture, 2008, 88 (8): 1318-1324.

[23] BURITI F C A, CASTRO I A, SAAD S M I. Effects of refrigeration, freezing and replacement of milk fat by inulin and whey protein concentrate on texture profile and sensory acceptance of symbiotic guava mousses [J]. Food Chemistry, 2010, 123 (4): 1190-1197.

[24] ROUTRAY W, MISHRAH N. Scientific and technical aspects of yogurt aroma and taste: a review [J]. Comprehensive Reviews in Food Science and Food Safety, 2011, 10 (4): 208-220.

[25] FIGUEROA R M D, OLIVER G, CARDENAS I L B, et al. Influence of temperature on flavor compound production from citrate by *Lactobacillus rhamnosus* ATCC7469 [J]. Microbiol Research. 2001, 155 (4): 257-262.

[26] GRAPPIN R, BEUVIER E. Possible implications of milk pasteurization on the manufacture and sensory quality of ripened cheese: A review [J]. International Dairy Journal, 1997, 7 (6): 751-761.

[27] BRIGHENTI M, GOVINDASAMY-LUCEY S, JAEGGI J J, et al. Behavior of stabilizers in acidified solutions and their effect on the textural, rheological, and sensory properties of creamcheese [J]. Jounary of Dairy Science. 2020, 103 (3): 2065-2076.

第三章 菊粉对益生菌慕斯品质及功能特性的影响

菊粉是一种广泛存在于菊芋、菊苣、牛蒡等植物中的生物多糖，主要由果糖和葡萄糖构成[1-2]。菊粉具有较好的水溶性，溶于水会形成类似于奶油的结构，且口感细腻，是目前使用较为广泛的脂肪替代品之一[3]。菊粉中含有大量的膳食纤维，不能被胃酸消化吸收，可以在结肠内被双歧杆菌等肠道菌群利用，形成短链脂肪酸，因而常作为益生元和膳食纤维添加到各种发酵乳制品中[4]。在乳制品工业中，许多膳食纤维被应用于乳制品生产，如燕麦纤维、大豆纤维、果蔬纤维等，但这些膳食纤维水溶性差、颗粒较大，添加到乳制品中会影响产品的口感、组织和色泽等。

菊粉除了具有益生元和脂肪替代品的作用以外，还具有菌株保护剂的作用。何君等[5]研究发现在发酵乳中添加1.5%的菊粉可以减缓储藏期间活菌数的降低。Trujillode等[6]研究表明在益生菌华夫饼中添加一定比例的菊粉，可以提高华夫饼中 *Bifidobacterium infantis* 和 *Lactobacillus acidophilus* 在55℃加热干燥2.66 h后的存活率。用菊粉代替慕斯中的一部分稀奶油，不仅降低了慕斯的脂肪含量和热量，还可以提高慕斯中菌株的活性和功能特性。因此研究菊粉添加量对益生菌慕斯品质及活菌数的影响非常有意义。

第一节　菊粉添加量对益生菌慕斯品质的影响

用不同比例的菊粉代替益生菌慕斯中的稀奶油，研究慕斯pH值、滴定酸度、活菌数和感官品质的变化，明确菊粉添加量对益生菌慕斯品质及活菌数的影响规律，为益生菌慕斯品质改进和延长货架期提供理论参考。

1. 材料与仪器

1.1　材料与试剂

益生菌菌种：发酵乳杆菌grx08（*L. fermentum* grx08）和嗜热链球菌grx02（*S. thermophiles* grx02）由江苏省乳品生物技术与安全控制重点实验室提供；恒天然脱脂乳粉、安佳稀奶油（新西兰恒天然公司）；菊粉（陕西森弗天然制品有限公司）；白砂糖（上海市糖业烟酒有限公司）；百利牌吉利丁片（意大利百利凝公司）；乐芙娜西西里柠檬汁（意大利Eurofood公司）；鸡蛋、纯牛奶、白砂糖，均为市售。

1.2　仪器与设备

SM-101打蛋器（无锡新麦机械有限公司）；GYB60-08型高

压均质机（上海东华高压均质机厂）；SPX-250B 型生化培养箱（上海跃进医疗器械厂）；JF-SX-500 全自动灭菌锅（日本 TOMY 公司）；TMS-Pro 食品质构仪（美国 FTC 公司）；Phs-25 型数显 pH 计（上海精密科学仪器有限公司）；SPME 手动进样器，75μmCAR/PDMS 萃取纤维头（美国 Supelco 公司）；TraceISQ 气相色谱—质谱联用仪（美国 Thermo 公司）。

2. 方法

2.1 菌种活化

将冻干保存的 *L. fermentum* grx08 菌种接种于脱脂乳培养基中，37℃活化两代，4℃冷藏备用。将冻干保存的 *S. thermophiles* grx02 菌种接种于脱脂乳培养基中，42℃活化两代，4℃冷藏备用。

2.2 发酵乳的制备

将活化好的嗜热链球菌 grx02 和发酵乳杆菌 grx08 以 10∶1 的比例混合，搅拌均匀，用于接种。

复原乳（12%全脂乳粉、7%白砂糖、81%的 65℃热水）→搅拌→均质（20 MPa）→杀菌（95℃，5 min）→冷却（42℃）→接种（3%，v/v）→混匀→42℃发酵→冷藏后熟（4℃）→酸奶。

2.3 益生菌慕斯的制备

益生菌慕斯的配方及制备工艺参照王娜等[7]的方法。分别添加稀奶油的 0、10%、15%、20%、25%、30% 的菊粉替代稀奶油，制作 6 种配方的益生菌慕斯。如表 3-1 所示。

表 3-1 益生菌慕斯实验分组配方表

原料	菊粉代替稀奶油的比例（%）					
	对照组	10	15	20	25	30
益生菌发酵乳	39.1	39.1	39.1	39.1	39.1	39.1
稀奶油	23.4	21.1	19.9	18.7	17.6	16.4
菊粉	—	2.3	3.5	4.7	5.9	7.0
牛奶	19.5	19.5	19.5	19.5	19.5	19.5
白砂糖	7.8	7.8	7.8	7.8	7.8	7.8
吉利丁	2.3	2.3	2.3	2.3	2.3	2.3
蛋黄	6.3	6.3	6.3	6.3	6.3	6.3
柠檬汁	1.6	1.6	1.6	1.6	1.6	1.6
总量	100	100	100	100	100	100

注："—"不添加。

将吉利丁用冷水浸泡 15 min 后，沥干水分。稀奶油打至六成发后冷藏备用。绵白糖、牛奶、蛋黄、菊粉称量后放入打蛋盆中，放入 80℃ 水浴中加热，边加热边搅拌，当升温至 80℃ 继续加热杀菌 5 min。然后冷却到 60℃ 时加入冷水浸泡的吉利丁，搅拌使吉利丁融化。当继续冷却到 25℃ 时，加入打发的稀奶油、益生菌发酵乳和柠檬汁，搅拌均匀，装入慕斯杯中，放入 4℃ 冰箱中冷藏。

2.4 pH 值和滴定酸度的测定

在室温条件下，每份样品各取约 40 g，用 pH 计进行测定。

滴定酸度的测定参照 GB 5009.239—2016[8]的方法进行。

2.5 乳酸菌活菌数的测定

参照 GB 4789.35—2016[9]中乳酸菌活菌数的测定方法测定慕斯中的活菌数。

2.6 慕斯感官评价

由本实验室有慕斯品尝经验的 10 名人员对样品的色泽、口感、风味和组织状态进行感官评价，感官评价标准参照陈霞等[10]的方法，如表 3-2 所示。

表 3-2 感官评分标准

项目	分值	评分标准	得分
色泽	20	色泽均匀一致，呈乳白色或微黄色	17~20
		色泽不均匀，但无明显色差	12~16
		色泽不均匀，有明显色差	1~11
口感	30	口感细腻、爽滑	25~30
		口感细腻、不爽滑，有少许颗粒感	18~24
		口感粗糙、不细腻，有颗粒感	1~17
滋味气味	20	具有发酵乳的香气，酸甜适中	17~20
		发酵乳香味淡，偏酸或偏甜	12~16
		发酵乳香味较淡，酸味重或有异味	1~11
组织状态	30	组织细腻、均匀，无气孔	25~30
		有少量乳清析出，组织均匀，少许气孔	18~24
		乳清析出较多，组织不够细腻，气孔较多	1~17

2.7 数据处理

利用 SPSS 22.0 统计分析软件对数据进行差异显著性分析，并用 Excel 2010 作图。

3 结果与讨论

3.1 菊粉添加量对益生菌慕斯 pH 值的影响

分别用不同比例的菊粉代替益生菌慕斯中的稀奶油后，测定慕斯样品在 4℃冷藏 21 d 期间 pH 值的变化，结果如图 3-1 所示。

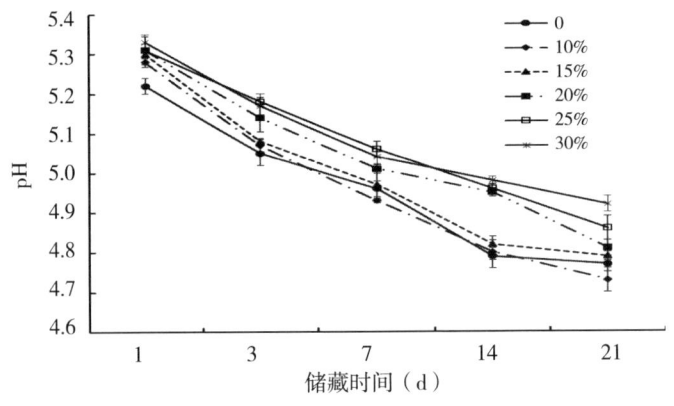

图 3-1　不同菊粉添加量对慕斯 pH 值的影响

由图 3-1 可以看出，6 组益生菌慕斯样品的 pH 值均随着冷藏时间的延长而逐渐降低，说明添加的乳酸菌发酵剂在慕斯冷藏期间仍保持一定的活性，能继续分解乳糖生成乳酸，从而使慕斯的 pH 值下降。在相同的储藏时间，添加菊粉的益生菌慕斯比空白组的 pH 值有明显提高，且替代比例越高，慕斯的 pH 值越高。其中 10% 组与对照组比较接近，而 15% 高于 10% 组和对照组，20%、25% 和 30% 组明显高于其他 3 组。Guven 等[11]研究发现在酸奶中添加菊粉可以促进乳酸菌的增殖，加快乳酸的生成，但增加菊粉的添加量并不能按比例增加酸奶的发酵酸度，即菊粉添加比例对酸奶的 pH 值不会产生显著性影响。本研究结果说明，当益生菌慕斯中菊粉替代稀奶油比例达到 20% 以上时，会使益生菌慕斯 pH 值的下降产生明显的缓冲作用。这是因为本研究中使用的菊粉呈弱碱性，当添加量较高时，会提高慕斯的 pH 值。

3.2 菊粉添加量对益生菌慕斯滴定酸度的影响

分别用不同比例的菊粉代替益生菌慕斯中的稀奶油后，测定了慕斯样品在 4℃ 冷藏 21 d 期间滴定酸度的变化，结果如图 3-2 所示。

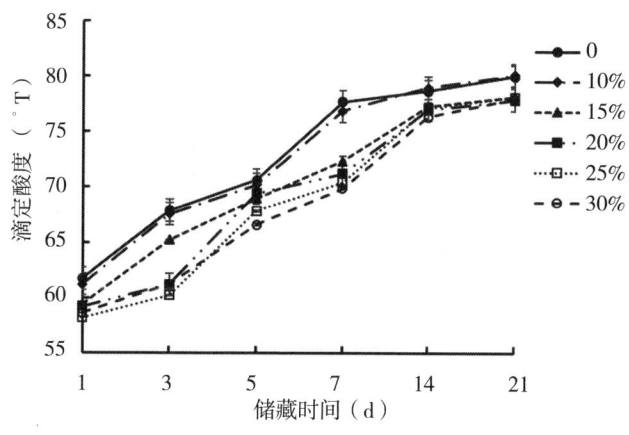

图 3-2 不同菊粉添加量对慕斯滴定酸度的影响

由图 3-2 可以看出，随着冷藏时间的延长，6 组益生菌慕斯的滴定酸度均呈上升趋势。在 4℃储藏 1 d 到 7 d 期间，各组样品的酸度上升速度均较快，7 d 到 21 d 上升速度较慢。菊粉替代稀奶油比例为 15% 以上的慕斯样品的滴定酸度均显著低于对照组；10% 组样品与对照组无显著性差异，说明益生菌慕斯中添加适量的菊粉可以降低其冷藏过程中的酸度，对于控制慕斯的后酸化具有显著的效果。慕斯在储藏期间保持相对稳定的酸度，有利于保持产品的风味、口感和组织状态。

3.3 菊粉添加量对益生菌慕斯储藏期间活菌数的影响

分别用不同比例的菊粉代替益生菌慕斯中的稀奶油后，制备的慕斯样品在 4℃冷藏 21 d 期间的活菌数，如图 3-3 所示。

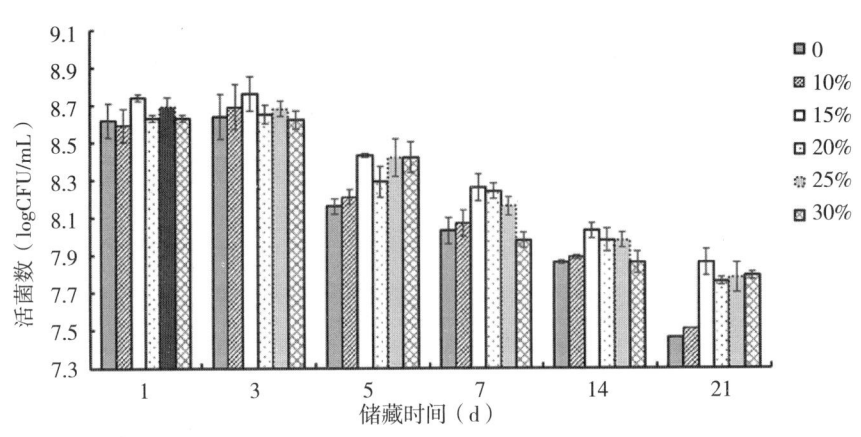

图 3-3 不同菊粉添加量对慕斯中活菌数的影响

由图 3-3 可以看出，4℃储藏的慕斯样品前 3 d 的活菌数变化较小，从第 5 d 时开始下降，且第 7 d 后下降的速度较快。这可能是因为随着储藏时间的延长,慕斯的酸度上升,降低了乳酸菌的活性。6 组样品中,10%组与对照组的活菌数较为接近;其他 4 组在第 5 d 后均显著高于对照组和 10%组。上述研究结果说明在益生菌慕斯中添加 3.5%以上的菊粉可以对乳酸菌起到较好的保护作用。许多研究证实了菊粉对发酵乳、干酪、冰淇淋以及冷冻甜点中的乳酸菌具有的保护作用[12-14]。本研究的结果进一步证实了在低温乳制甜点中添加菊粉,有助于提高乳酸菌的活性。

3.4 感官评价结果

用不同比例的菊粉代替稀奶油后,慕斯样品的感官得分见表 3-3。

表 3-3 慕斯的感官得分

菊粉代替淡奶油比例/%	色泽	口感	风味	组织状态	总分
0	18.0 ± 0.3^a	27.5 ± 0.6^b	18.2 ± 0.3^b	27.3 ± 0.4^b	91.0 ± 0.4^c
10	18.1 ± 0.1^a	27.1 ± 0.2^b	17.9 ± 0.2^b	27.1 ± 0.2^b	90.2 ± 0.1^{bc}
15	18.5 ± 0.4^a	27.5 ± 0.5^b	17.5 ± 0.5^{ab}	27.2 ± 0.5^b	90.9 ± 0.9^c
20	18.3 ± 0.3^a	27.0 ± 0.7^b	17.5 ± 0.4^{ab}	26.6 ± 0.2^b	89.4 ± 0.1^{bc}
25	18.1 ± 0.6^a	26.2 ± 0.3^{ab}	17.2 ± 0.3^{ab}	26.8 ± 0.3^b	88.3 ± 0.7^b
30	18.3 ± 0.2^a	25.3 ± 0.5^a	16.4 ± 0.4^a	24.6 ± 0.2^a	84.6 ± 0.5^a

注:同列数据肩标小写字母完全不同的,表示差异显著($P<0.05$),有任何相同小写字母或无字母的表示差异不显著($P>0.05$)。

由表 3-3 可以看出,随着菊粉替代稀奶油比例的增加,6 组慕斯样品的色泽评分没有显著性差异,30%组慕斯样品的口感、风味、组织状态和总分均显著低于其他 5 组；当菊粉的替代比例不超过 20%时，各项感官指标的评分和总分与对照组差异不显著（$P<0.05$），当达到 25%时其感官总分显著低于对照组。说明当菊粉的添加比例较低时，对慕斯的感官品质影响不显著；但菊粉的添加比例较高时，慕斯的口感变硬，不够细腻，奶油香味变淡，甜味增加，组织状态变紧实，不够膨松。这是因为菊粉具有吸水形成凝胶的能力，当菊粉的添加量越高时，慕斯的凝胶强度增大，使得产品口感变差；菊粉中含有少量的单糖和双糖，会使慕斯的甜度提高；稀奶油添加量减少会使慕斯的膨松度降低，产品更紧实，奶香味也降低，从而影响慕斯的口感、风味和组织状态的评分结果。Wijk 等[15]的研究也表明在香草奶油甜点中添加菊粉会增大其甜度和硬度，从而影响其感官评分。当菊粉替代稀奶油的比例为 15%时，即菊粉添加量为 3.5%时慕斯的口感细腻、爽滑，具有发酵乳香味和奶油味，甜度适中，组织均匀，感官评分接近于对照组，为 90.9 分。

4. 结论

通过以上的实验研究表明，在益生菌慕斯中用不同比例的菊粉代替配方中稀奶油后，会对益生菌慕斯冷藏期间的 pH 值、滴定酸度、活菌数和感官品质产生一定影响。

（1）在益生菌慕斯中用菊粉替代部分稀奶油后，慕斯的 pH 值和滴定酸度均产生明显变化，当替代比例达到 15%时，可以使慕斯在冷藏期间的 pH 值明显升高，酸度明显降低。

（2）活菌数测定结果表明：在益生菌慕斯中菊粉替代部分稀

奶油的比例达到15%以上时可以对乳酸菌活性产生较好的保护作用，使益生菌慕斯在4℃冷藏21 d期间的活菌数显著高于空白组。

（3）感官评价结果表明：在益生菌慕斯中菊粉替代稀奶油的比例不超过25%时，不会对益生菌慕斯的感官品质产生显著影响；但菊粉添加量较高时，益生菌慕斯的感官品质会受到显著影响。当替代比例为15%时益生菌慕斯感官评分最接近对照组，为90.9分，此时产品口感细腻爽滑、香味浓郁、组织均匀。

上述实验结果说明，随着益生菌慕斯中菊粉替代稀奶油的比例的增大，各项指标都有明显改善，但并不是添加量越多越好。当菊粉替代稀奶油的比例为15%时，益生菌菊粉慕斯的品质最佳。

第二节　菊粉对益生菌慕斯质构及流变特性的影响

慕斯是深受人们喜爱的一种低温乳制甜点，也是适合益生菌生长的良好载体[16]。通过在慕斯中添加益生菌发酵乳，不仅改善产品的风味和口感，而且还赋予了产品良好的功能特性[17]。稀奶油是益生菌慕斯的主要原料之一，赋予了产品爽滑细腻的口感和浓郁的奶油香味，但添加量较高也造成产品热量高，摄入较多不利于人体健康的问题。如何通过脂肪替代品来降低慕斯产品中的脂肪含量，又确保产品爽滑细腻的口感，是慕斯产品生产中亟待解决的技术问题。

菊粉能够改善乳制品甜点的质地,提高其加工性能、稳定性和营养价值[18]。Meyer 等[19]研究发现在低脂酸奶甜品中添加低比例的菊糖,可以赋予甜点圆满的风味与爽滑的口感,还可以增加产品凝胶体系的稳定性。

慕斯是一种复杂的流体,通过研究其流动和变形随时间、剪切力的变化而表现出的性质,可以对慕斯的质地和稳定性进行描述和衡量[20]。国内外对乳制品流变特性的研究较多,但有关菊粉替代稀奶油对慕斯流变特性的研究报道较少。我们用江苏省乳品生物技术与安全控制重点实验室筛选的具有抗氧化功能的专利益生菌——嗜热链球菌 grx02（*S. thermophilus* grx02）和发酵乳杆菌 grx08（*L. fermentum* grx08）制作发酵乳,再制作成益生菌慕斯,并将稀奶油用不同比例的菊粉替代,通过比较其质构特性、流变特性和感官品质的差异,确定菊粉替代益生菌慕斯中的稀奶油的可行性和最佳比例。

1. 材料与方法

1.1 材料与试剂

乳酸菌菌种：*L. fermentum* grx08、*S. thermophiles* grx02 由江苏省乳品生物技术与安全控制重点实验室提供；稀奶油（新西兰恒天然集团）；纯牛奶、绵白糖、麦芽糖,市售；百利牌吉利丁片（意大利百利凝公司）。

1.2 仪器与设备

SPX-250B 型生化培养箱（上海跃进医疗器械厂）；JF-SX-500

全自动灭菌锅（日本 TOMY 公司）；TMS-Pro 食品质构仪（美国 FTC 公司）；Malvern Kinexus Pro 旋转流变仪（英国 Malvern 公司）。

2. 试验方法

2.1 乳酸菌的活化培养

将冻干保存的 *L. fermentum* grx08 菌种接种于脱脂乳培养基中，37℃活化两代，4℃冷藏备用。将冻干保存的 *S. thermophiles* grx02 菌种接种于脱脂乳培养基中，42℃活化两代，4℃冷藏备用。

2.2 发酵乳制备

原料（质量分数为 12% 全脂乳粉、7% 糖、81% 开水）→搅拌→均质→杀菌→冷却到 42℃→接种→混匀→42℃发酵→冷藏后熟（4℃）→成品。

2.3 慕斯质构的测定

益生菌慕斯质构特性测定参照贺红军等[21]的方法，用 TMS-Pro 食品质构仪进行 TPA 模式测定。选用 P/25 圆柱形探头，测试速度为 1.0 cm/min，测试距离为 0.5 cm，最小触发力为 0.3 N，得到硬度、黏附性和弹性等指标值。

2.4 慕斯的动态流变学测定

慕斯的动态流变学分析参照王松松等[22]的方法，稍作改动。采用 Malvern Kinexus Pro 旋转流变仪的 CP 2/50SR0162 SS 探头进行流变特性的测定。

2.4.1 表观黏度（η）的测定

在恒温 25℃、恒定剪切速率为 1.0 s^{-1}、剪切时间为 2 min 条件下，每 2 s 采集 1 个数据点，检测样品的表观黏度随时间的变化情况。

2.4.2 触变性及触变环面积的测定

在恒温 25℃，测定时间为 2 min 条件下，剪切速率由 0.1 s^{-1} 先线性升高到 100 s^{-1} 后，再线性降速到 0.1 s^{-1}，每 2 s 采集 1 个数据，测定时间为 2 min，检测样品的剪切应力随剪切速率的变化情况，并计算触变环面积和黏丝性。

2.5 感官评价标准

由 10 名接受过食品感官评价培训的人员对样品的色泽、口感、风味和组织状态进行感官评价。评价标准见表 3-4。

表 3-4 感官评分表

项目	满分	评分标准	得分
色泽	20	颜色均匀	17~20
		颜色不均匀，但无明显色差	12~16
		颜色不均匀，有明显色差	1~11
口感	30	口感细腻、爽滑、无冰碴	25~30
		口感细腻、不爽滑、有少许冰碴	18~24
		口感不细腻、不爽滑、有大量冰碴	1~17
风味	20	具有发酵乳的香气，无异味	17~20
		发酵乳香味淡，有奶香味	12~16
		发酵乳较淡，有异味	1~11

(续表)

项目	满分	评分标准	得分
组织状态	30	表面光滑,组织均匀,无孔洞	25~30
		表面有气孔,组织均匀,少许孔洞	18~24
		表面有裂纹,组织不均匀,孔洞较多	1~17

2.6 数据统计与分析

利用SPSS 22.0统计分析软件对数据进行分析处理,采用Excel 2007作图。

3. 结果与分析

3.1 质构特性测定结果

用不同比例的菊粉替代稀奶油后,慕斯样品的质构特性测定结果如表3-5所示。

表3-5 慕斯质构特性测定结果

菊粉替代稀奶油比例/%	硬度/N	黏附性/Ns	弹性/mm
0	0.88±0.01[a]	-0.07±0.00[a]	6.37±0.15[c]
10	0.91±0.02[ab]	-0.08±0.00[ab]	6.32±0.10[c]
15	0.94±0.02[b]	-0.08±0.01[ab]	5.74±0.04[b]
20	1.05±0.00[c]	-0.09±0.00[b]	5.55±0.06[b]
25	1.19±0.02[d]	-0.09±0.00[b]	5.33±0.02[a]
30	1.26±0.02[e]	-0.10±0.01[b]	5.21±0.02[a]

注:不同的上标小写字母表示不同样品之间的显著性差异($P<0.05$)。

由表 3-5 可以看出，随着菊粉替代稀奶油比例增大，益生菌慕斯的硬度呈逐渐增大趋势，黏附性和弹性呈逐渐降低趋势；当替代比例为 10% 时，慕斯的硬度、黏附性和弹性与对照组相比无显著性差异（$P<0.05$）；当替代比例为 15% 时，慕斯的硬度显著高于对照组，弹性显著降低（$P<0.05$）。说明在益生菌慕斯中添加菊粉的比例较高时，会使慕斯的硬度增大，黏附性和弹性降低。在 TPA 测试中，硬度定义为给定变形下样品对于压缩的抵抗力，硬度大表明凝胶的网络结构坚实，抗形变能力强。Buriti 等[14]的研究表明用菊粉全部替代番石榴慕斯中的稀奶油会显著降低番石榴慕斯的硬度和黏附性，增大其内聚性，这与本研究中的结果刚好相反，这可能与产品的配方和替代比例有关。而 El-Nagar 等[23]研究表明添加了 5% 菊粉的低脂酸奶冰淇淋（稀奶油添加量为 5%）比高脂酸奶冰淇淋（稀奶油添加量为 10%）的硬度更大。AKALIN 等[24]研究也发现在益生菌冰淇淋中添加菊粉可以显著增大冰淇淋的硬度，这与本试验的结果相一致。这是因为菊粉具有良好的结合水分子的能力，可以吸水溶胀形成凝胶。稀奶油是经过打发后加入慕斯的，菊粉的凝胶结构相比稀奶油的泡沫结构要紧实得多，因而用菊粉替代稀奶油制作的慕斯具有较高的硬度，较低的黏附性和弹性。

3.2 慕斯表观黏度随剪切时间的变化

在恒温 25℃、剪切速率为 $1\ s^{-1}$ 条件下，不同实验组慕斯的表观黏度随时间的变化趋势如图 3-4 所示。随着剪切时间的延长，除了 30% 组的表观黏度呈逐渐降低趋势，其他 5 组样品的表观黏度均呈先增大后逐渐降低的趋势。在剪切的起始阶段，慕斯样品的表观黏度增大是因为慕斯具有一定的凝胶结构，在没被破坏前具有一定的强度。但这种凝胶结构很容易被剪切破坏，一旦被破坏后，其表观黏度会逐渐降低[25-26]。6组慕斯样品均显示出随时间延长的剪切稀化现象，说明它们均属于正触变流体。在相同剪切时间各样品的表观黏度大小顺序为30%＞25%＞20%＞0＞10%＞15%，说明菊粉代替稀奶油的比例达到20%时会增加慕斯的表观黏度，低于20%时反而会降低其表观黏度。Schaller-Povolny等[27]的研究表明菊粉添加到冰淇淋中增大了冰淇淋浆料的黏度，这是因为菊粉吸水溶胀后与乳蛋白分子发生相互联结，增大乳蛋白的分子量，同时增加了连续相的黏度。但Niness等[28]的研究表明在冰淇淋中添加菊粉后不会增加冰淇淋浆料的黏度，这可能与菊粉的添加量不同有关。

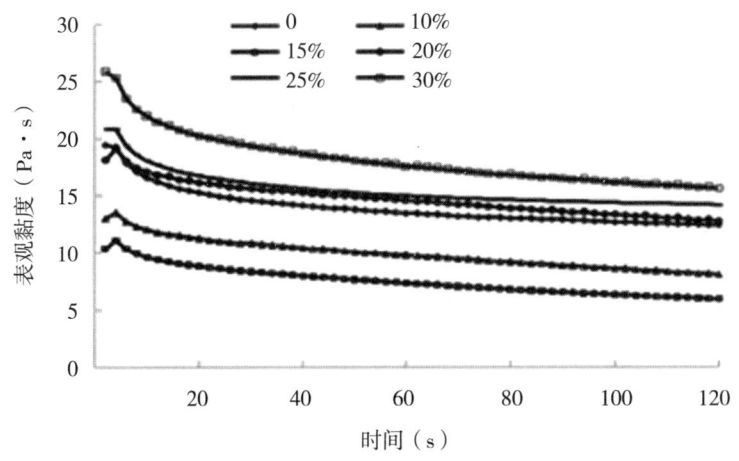

图3-4 恒温恒速下表观黏度随时间的变化曲线

此外，从表观黏度随剪切时间的变化趋势来看，随着菊粉添加比例的增大，剪切稀化现象更明显，15%和10%替代量的慕斯下降趋势较慢，而其他4组样品下降较快，其中30%下降速度最快。这说明当菊粉替代稀奶油的比例不超过15%时，可以提高慕斯体系的稳定性，而超过15%时慕斯的稳定性会明显降低。这可能是因为菊粉代替稀奶油的比例不断增大，慕斯中的脂肪含量相对减小，造成了其表观黏度随时间的延长下降速率较快。同样Rossa等[29]认为这种黏度的降低部分一方面，是由于在剪切过程中，聚集的脂肪球尺寸减小，结构发生分解；另一方面，乳制甜点是一种复杂的胶体，脂肪球以外的聚集材料也可能导致剪切稀化。

3.3 益生菌慕斯剪切应力随剪切速率的变化

在恒温25℃条件下，升速和降速剪切过程中慕斯样品剪切应力τ随剪切速率γ的变化趋势如图3-5所示，黏丝性结果如表3-6所示。

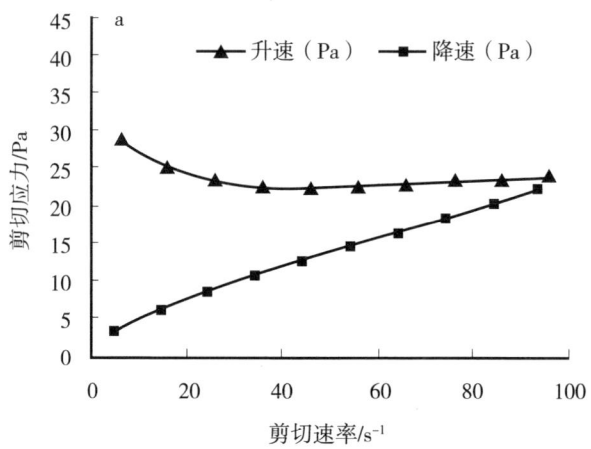

第三章 菊粉对益生菌慕斯品质及功能特性的影响

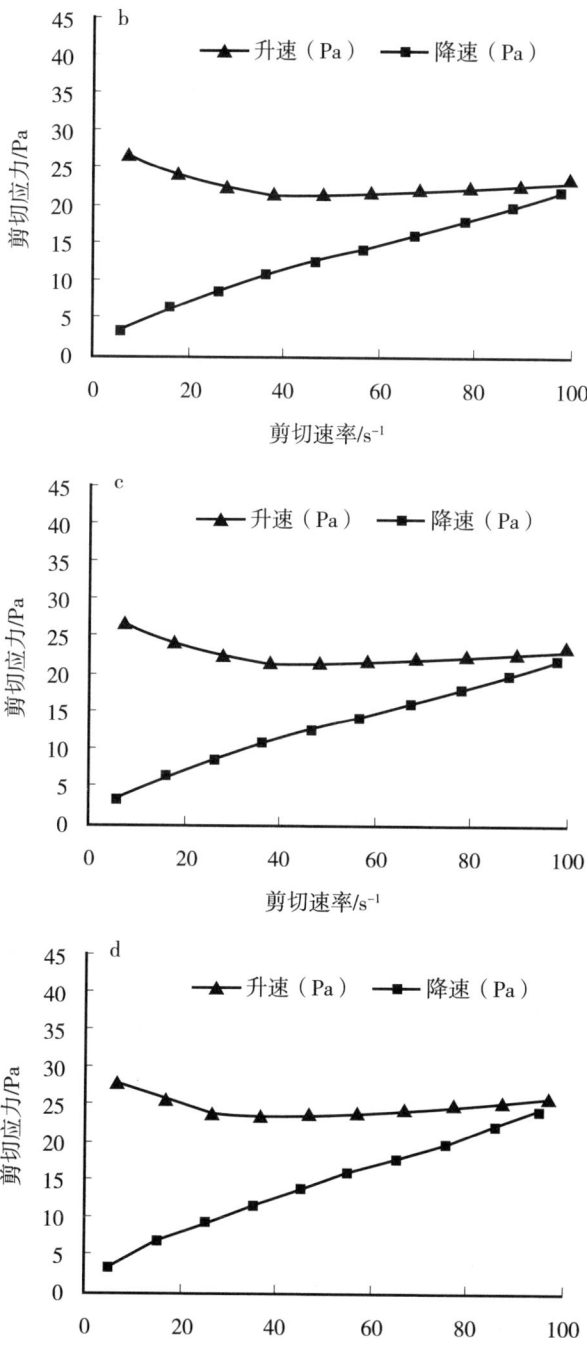

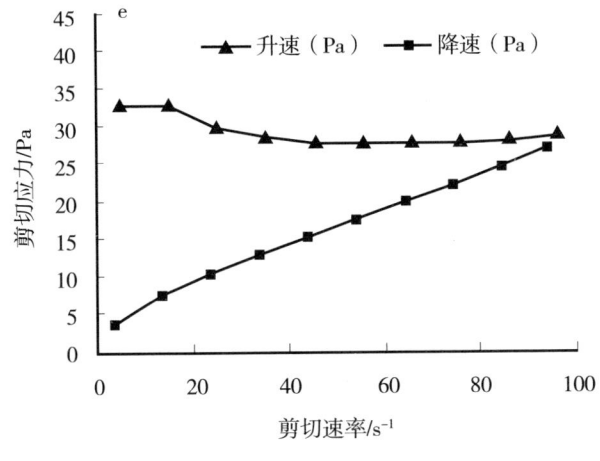

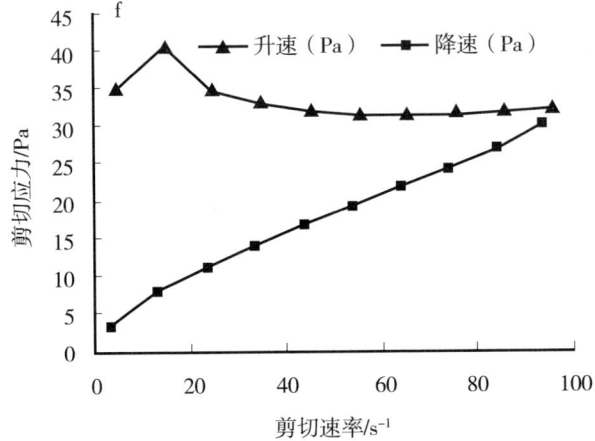

注：a~f 菊粉代替稀奶油添加量分别是 0、10%、15%、20%、25%、30%。

图 3-5　恒温条件下慕斯样品的剪切应力随剪切速率的变化曲线

在升速剪切阶段，对照组、10%、15%、20%组慕斯样品的剪切应力均呈先下降后缓慢升高的趋势，而25%和30%菊粉替代量的慕斯在剪切起始阶段剪切应力先增大，然后呈先下降后缓慢升高的趋势。在降速剪切阶段，各组样品的剪切应力均随着剪切速率的降低而逐渐降低。这是因为剪切起始阶段慕斯的凝胶结构

第三章　菊粉对益生菌慕斯品质及功能特性的影响

还没有被破坏，慕斯黏度较大，因而需要较大的剪切应力；随着剪切速率的增大，在剪切应力的作用下相互勾挂缠绕的链状结构被切断，原本稳定的三维网状凝胶结构逐渐被破坏，从而造成黏度的减小[30]。当凝胶结构彻底被破坏后，黏度不再减小，此时剪切速度提高就需要更大的剪切应力，降速时剪切应力也随之降低。

表 3-6　益生菌慕斯黏丝性测定结果

菊粉代替稀奶油比例（%）	0	10	15	20	25	30
触变环面积 [（Pa·r）/min]	906.17	858.30	802.49	894.76	1150.07	1397.56

由图 3-5 可以看出，各组样品的剪切应力变化曲线在升速和降速阶段并不重合，并形成触变环，说明各慕斯样品都属于触变性流体，其凝胶结构受到外力作用破坏后，很难恢复到初始状态。触变环面积可以用于衡量样品经外力作用后的恢复能力，面积越大则样品恢复速度越慢。由表 3-6 可以看出，各样品的滞后环面积大小顺序为 30%＞25%＞0＞20%＞10%＞15%。30% 和 25% 组样品的滞后环面积较大，说明这两组样品受到外力作用后，凝胶结构变化幅度较大，当外力撤去后需要较长的恢复时间[31]；而 15% 组的触变环面积最小，说明其恢复速度最快。Tarrega[32] 报道了高黏度触变流体的触变环面积比低黏度的流体更大，触变环面积的大小可能与表观黏度大小有关。这是因为慕斯受到剪切作用后凝胶结构被破坏，且很难恢复到起始状态，具有触变性流体的特征[33]。由此可见，菊粉替代稀奶油的比例不超过 20% 可以提高慕斯的稳定性。

4. 结论

通过上述实验研究得到以下结论：

（1）质构特性测定结果表明当菊粉代替稀奶油的比例为15%时，益生菌慕斯的硬度显著增大、内聚性和弹性显著性降低（$P<0.05$）；当菊粉代替稀奶油的比例为20%时，慕斯的黏附性显著降低（$P<0.05$）。

（2）动态流变学分析结果表明6组慕斯均存在随剪切时间延长而变稀的现象，均属于黏弹性流体；用不超过20%菊粉替代稀奶油时，可以降低慕斯的表观黏度、触变环面积和黏丝性，改善慕斯体系的稳定性，超过20%时反而会降低慕斯的稳定性。

（3）感官评价结果表明当菊粉替代稀奶油的比例不超过20%时益生菌慕斯的感官品质与对照组无显著性差异，在15%时慕斯的感官评分与对照组最接近，为90.9分，此时产品口感细腻爽滑、香味浓郁、组织均匀。

通过综合质构特性、动态流变学分析和感官评定的试验结果，得出益生菌慕斯中菊粉替代稀奶油的最佳比例为15%。

第三节　菊粉替代淡奶油对益生菌慕斯储藏特性及风味的影响

益生菌慕斯是指将益生菌发酵乳或菌粉添加到慕斯浆料中，

经凝冻、冷藏等工序制成的具有良好益生特性的慕斯产品[17]。慕斯口感细腻爽滑、口味自然清新，是深受全球消费者喜欢的一种低温乳制甜点，近年来已成为甜点市场销量最高的产品之一[34]。慕斯中含有丰富的营养物质，且具有较温和的pH值环境，是非常适于添加益生菌的食品载体[35]。含有益生菌的慕斯营养价值更高，特殊的功能特性也提升了产品的商业价值和消费者吸引力[36]。然而，益生菌慕斯生产时需要加入打发的稀奶油，且须经过长时间的低温凝冻和储藏，因此高氧含量和低温都会引起益生菌活性降低，并对慕斯的感官品质和风味产生一定的影响。益生菌食品能够发挥益生特性的前提条件是具有较高的活菌数量，FAO/WHO推荐的益生菌产品中的活菌数应不低于10^6 CFU/g[37]。因此如何提高生产和储藏期间的活菌数，并保持良好的风味和口感，是益生菌慕斯生产中亟须解决的关键问题。

菊粉是一种近年来被广泛用于发酵乳制品的益生元和膳食纤维，同时又是良好的脂肪替代品[19]。前期研究发现用3.5%菊粉代替益生菌慕斯中的稀奶油可以提高慕斯在储藏期间的凝胶稳定性[16]。Douglas等[39]的研究证实在番石榴慕斯中添加嗜酸乳杆菌LA-5和菊粉可以改善产品的质构特性和感官接受度，但有关储藏温度和菊粉对益生菌慕斯风味和储藏品质影响的研究较少。本试验研究了添加菊粉和不同的储藏温度对益生菌慕斯滴定酸度、感官特性和活菌数的影响，并采用气相色谱—质谱研究慕斯中风味物质的变化。

1. 材料与方法

1.1 菌种与试剂

菌种 *L. fermentum* grx08 和 *S. thermophiles* grx02 由扬州大学江苏省乳品生物技术与安全控制重点实验室提供；安佳稀奶油（新西兰恒天然公司）；百利牌吉利丁片（意大利百利凝公司）；鸡蛋、牛奶、白砂糖、麦芽糖，均为市售。

1.2 仪器与设备

PHS-3C 型数显 pH 计（上海雷磁仪表厂）；SPX-250B 型生化培养箱（上海跃进医疗器械厂）；F-SX-500 全自动灭菌锅（日本 TOMY 公司）；TraceDSQ Ⅱ 气相色谱—质谱联用仪（美国 Thermo 公司）。

2. 试验方法

2.1 菌种的活化培养

将冻干的 *L. fermentum* grx08 菌种接种于灭菌脱脂乳中，37℃ 活化两代，4℃ 冷藏备用。将冻干保存的 *S. thermophiles* grx02 菌种接种于脱脂乳培养基中，42℃ 活化两代，4℃ 冷藏备用。

2.2 发酵乳及制备

参照王娜[16]的方法。原料（12%全脂奶粉、7%白砂糖）→

搅拌→均质（23 MPa）→杀菌（95℃，5 min）→冷却（42℃）→接种（3%，v/v）→混匀→42℃发酵→冷藏后熟→发酵乳。

2.3 益生菌慕斯的制备

参照王娜[16]的方法，配方如表 3-7 所示，P 为添加 *L. fermentum* grx08 和 *S. thermophiles* grx02 发酵乳制作的益生菌慕斯，S 为用菊粉替代 3.6% 的稀奶油制成的益生菌慕斯。

表 3-7 益生菌慕斯配方表

原料	P	S
发酵乳	41	41
稀奶油	24	20.4
菊粉	—	3.6
牛奶	16.5	16.5
蛋黄	6.5	6.5
麦芽糖	8	8
白砂糖	2	2
吉利丁	2	2
总量	100	100

注："—"不添加。

吉利丁片冷水浸泡 15 min 后沥干水分备用。蛋黄、白砂糖、麦芽糖、牛奶、菊粉等原料放入打蛋盆中搅拌均匀，置于 80℃ 水浴中边加热边搅拌，当料液升温至 80℃ 时保温 5 min。然后降温到 60℃ 时加入泡软的吉利丁，搅拌使吉利丁融化。继续冷却至 25℃ 时，加入益生菌发酵乳和打至六成发的稀奶油，搅拌均匀后，分装入慕斯杯中，分别置于4℃和-18℃冰箱中保存。-18℃储藏的慕斯样品于测定前2 h取出，放入4℃冰箱解冻。

2.4 感官评价标准

评分小组由10位接受过感官评定培训的学生和老师组成，按照表3-8评分标准对慕斯的色泽、口感、风味和组织状态进行打分。结果取三次评分的平均值。

表3-8 感官评分标准

项目	分值	评分标准	得分
色泽	20	色泽均匀一致，呈乳白色或微黄色	17~20
		色泽不均匀，但无明显色差	12~16
		色泽不均匀，有明显色差	1~11
口感	30	口感细腻、爽滑	26~30
		口感细腻、不爽滑，有少许颗粒感	15~25
		口感粗糙、不细腻，有颗粒感	1~14
风味	20	具有发酵乳的香气，酸甜适中	17~20
		发酵乳香味淡，偏酸或偏甜	12~16
		发酵乳香味较淡，酸味重或有异味	1~11
组织状态	30	组织细腻、均匀，无气孔	26~30
		有少量乳清析出，组织均匀，少许气孔	15~25
		乳清析出较多，组织不够细腻，气孔较多	1~14

2.5 滴定酸度的测定

滴定酸度的测定参照GB 5009.239—2016[8]中的酚酞指示剂法进行。

2.6 活菌数的测定

参照 GB 4789.35—2016[9]中乳酸菌活菌数的测定方法测定慕斯中的活菌数。

2.7 慕斯风味物质分析

对于慕斯风味的物质分析,参照 Pinho 等[39]的方法测定。慕斯分别于4℃和-18℃储藏1 d后,利用GC-MS测定其挥发性风味物质。固相微萃取头于250℃老化 1 h。慕斯于30℃水浴融化后,吸取10.0 mL加入15 mL的顶空瓶中,盖盖后放入45℃水浴中平衡20 min。将老化好的萃取头插入顶空瓶,继续在45℃水浴中萃取 40 min。拔出萃取头,迅速插入 GC-MS 进样口,解析 1 min,同时启动仪器采集数据。

GC 条件:DB-WAX 色谱柱(30 m×0.25 mm, 0.25 μm),进样口温度为250℃;载气氮气流速为0.80 mL/min,采用不分流进样方式。程序升温:柱初温35℃,保持3 min,以 5 ℃/min 升温至200℃,再以 10 ℃/min 升至230℃,保持 10 min。

MS 条件:电子电离源;电离能 70 eV,离子源温度 200℃;发射电流 200 μA,检测电压 350 kV,质量扫描范围 m/z 35~400 amu。

2.8 统计分析

利用SPSS 22.0统计分析软件对数据进行差异显著性分析,并用 Excel 2010 作图。

3. 结果与讨论

3.1 菊粉对益生菌慕斯储藏期间滴定酸度的影响

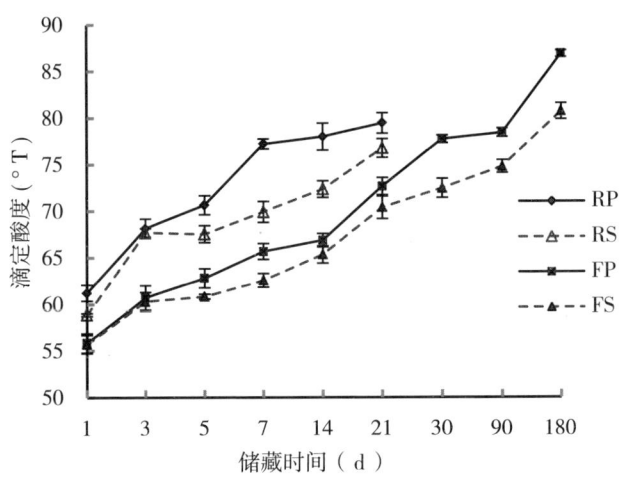

注：RP 为 4℃冷藏的益生菌慕斯，RS 为 4℃冷藏的菊粉慕斯；FP 为 -18℃冻藏的益生菌慕斯，FS 为 -18℃冻藏的菊粉慕斯

图 3-6　益生菌慕斯在不同储藏温度下滴定酸度的变化

益生菌慕斯和菊粉慕斯分别储藏于 4℃ 和 -18℃ 冰箱，储藏期间滴定酸度的变化见图 3-6。由图 3-6 可见，在冷藏 21 d 和冻藏 180 d 期间，4 组益生菌慕斯的滴定酸度均呈逐渐升高趋势。其中 4℃冷藏的 RP 和 RS 组酸度上升速度显著快于 -18℃冻藏的 FP 和 FS 组；RP 和 RS 组冷藏 21 d 后酸度分别上升了 18.19°T 和 17.88°T，而 FP 和 FS 组冻藏 180 d 时仅上升了 11.38°T 和 9.12°T。上述结果说明慕斯中的乳酸菌在冷藏条件下仍具有一定

的活性，能继续分解糖类产生乳酸，使得慕斯的酸度缓慢升高；而冷冻的慕斯中乳酸菌活性较低，酸度变化较小，对产品的口感及益生菌的活性保持均有益处。

由图 3-6 还可以看出，添加菊粉的 RS 和 FS 组的滴定酸度均明显低于未添加菊粉的 RP 和 FP 组，这与本实验所使用的菊粉水溶液呈弱碱性有一定的关系。另外，菊粉是一种亲水性的大分子物质，吸水后会形成稳定的网状凝胶结构，这会使慕斯中的水分活度降低，从而影响酶活力，间接影响乳酸菌的代谢产酸活性。本试验结果与何君[5]和虞娇娇[40]等的研究结果相一致。但 Douglas[38] 和 Aragon-Alegro 等[41] 的研究表明在益生菌慕斯添加菊粉均会使其在储藏期间的酸度高于不添加的样品，这与本试验的结果刚好相反。上述结果说明添加菊粉和冷冻储藏可以减缓慕斯的后酸化，对保持慕斯在储藏期间的风味和品质有利。

3.2 菊粉对益生菌慕斯储藏期间感官品质的影响

表 3-9 慕斯的感官得分

储藏时间（d）	RP	RS	FP	FS
1	89.3 ± 0.3^{ab}	89.2 ± 0.8^{ab}	89.3 ± 0.6^{ab}	89.6 ± 1.5^{a}
3	$88.4.2^{ab}$	87.3 ± 0.5^{abc}	88.6 ± 2.1^{ab}	88.8 ± 2.0^{ab}
5	83.6 ± 2.4^{cd}	81.0 ± 0.6^{def}	88.6 ± 1.3^{ab}	88.2 ± 2.7^{ab}
7	82.3 ± 1.1^{de}	80.3 ± 1.2^{ef}	86.8 ± 0.5^{abc}	86.5 ± 1.2^{abc}
14	71.2 ± 0.4^{h}	73.1 ± 0.8^{h}	87.6 ± 0.7^{ab}	86.5 ± 1.0^{abc}
21	60.6 ± 0.1^{k}	61.3 ± 0.2^{k}	86.3 ± 1.3^{abc}	86.4 ± 0.6^{abc}
30	—	—	86.2 ± 2.1^{abc}	85.2 ± 0.8^{bc}

(续表)

储藏时间（d）	RP	RS	FP	FS
90	—	—	78.5±1.2[fg]	76.5±1.0[g]
180	—	—	72.1±2.3[h]	72.6±2.0[h]

注："—"表示未检测。

由表 3-9 可见，在冷藏 21 d 和冻藏 180 d 期间，4 组慕斯样品的感官评分均呈逐渐下降趋势，其中 4℃冷藏的慕斯在第 7 d 时感官品质相比第 1 d 时显著下降，此时慕斯表面有少量液体析出，弹性降低，香味变淡；-18℃冷冻的益生菌慕斯和菊粉慕斯感官品质相对较稳定，在 180 d 时产品的色泽和组织状态无明显变化，感官评分别为 72.1 分和 72.6 分。这是因为 4℃冷藏时慕斯中添加的乳酸菌仍具有一定的活性，一方面产生的有机酸使慕斯酸度逐渐升高，影响了慕斯的风味和口感；另一方面由于酸度提高会使慕斯凝胶结构的保水性降低，部分结合水析出，从而使慕斯弹性降低。上述结果说明冻藏保存的慕斯感官品质更稳定。

在相同的储藏条件下，添加菊粉的慕斯样品与未添加的感官评分差异不显著，说明添加适量的菊粉不会对益生菌慕斯的感官性状产生显著影响。Douglas 等[38]的研究表明在添加了嗜酸乳杆菌 LA-5 的番木瓜慕斯中添加适量的菊粉可以提高产品的感官接受度；而 Cardarelli 等[34]的研究也表明添加适量菊粉可以改善巧克力益生菌慕斯的组织结构和风味。

3.3 不同储藏温度下益生菌慕斯活菌数的变化

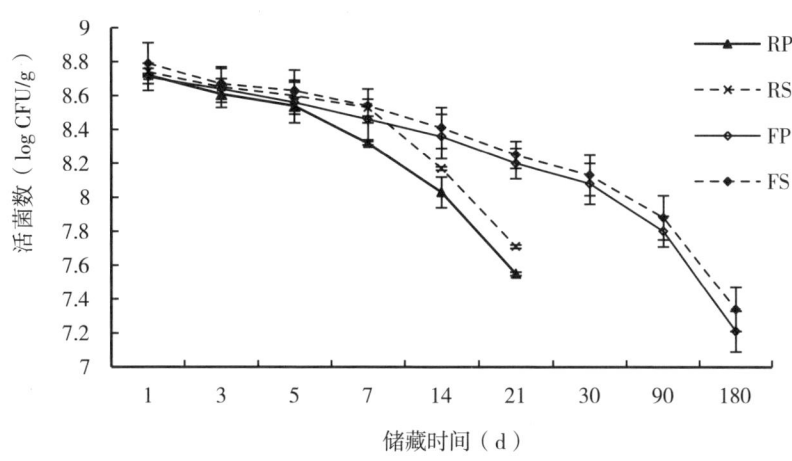

图 3-7 不同储藏温度下益生菌慕斯活菌数的变化

由图 3-7 可以看出,2 种配方的慕斯样品分别在 4℃储藏 21 d 和 -18℃储藏 180 d 的活菌数均高于 7 log CFU/g。随着储藏时间的延长,4 组慕斯样品的活菌数均逐渐降低,其中 RP 和 RS 组分别由第 1 d 的 8.72 log CFU/g 和 8.74 log CFU/g 下降到第 21 d 的 7.55 log CFU/g 和 7.71 log CFU/g,且在冷藏至 14 d 时活菌数下降幅度较大;相比冷藏的益生菌慕斯,FP 和 FS 组在冷冻 180 d 时活菌数的下降速度更慢,在第 180 d 时分别为 7.21 log CFU/g 和 7.34 log CFU/g。在相同的储藏时间,在 -18℃冷冻保存的慕斯具有更高的活菌数,这是因为冷藏慕斯中的乳酸菌仍具有较高的活性,会继续分解糖类形成乳酸,酸度的升高是造成益生菌活菌数降低的主要原因。上述结果说明冻藏更有利于保持慕斯中益生菌的活性。

由图3-7还可以看出，相比未添加菊粉的RP组和FP组，添加菊粉的RS组和FS组的活菌数均明显提高，说明添加菊粉对慕斯中益生菌活性具有一定的改善作用。有关菊粉对发酵乳制品储藏期间活菌数影响的研究较多，Cardarelli[38]和何君等[5]的研究证实了在发酵乳制品中添加菊粉有助于提高其在贮存期间益生菌的活菌数，与本实验结果一致。而Aragon-Alegro等[41]的研究中在添加了副干酪乳杆菌副干酪亚种LBC 82的巧克力慕斯中，添加菊粉对其在4℃冷藏期间的活菌数无显著性影响。本研究中添加菊粉后可以提高 *L. fermentum* grx08 和 *S. thermophils* grx02 在慕斯储藏期间的存活率，这可能与菊粉的物理性质有关。一方面因为菊粉吸水后形成稳定的凝胶结构，使慕斯中的自由水减少，从而在冷冻过程中减少了大冰晶形成对乳酸菌菌体的破坏[42]；另一方面添加菊粉降低了益生菌慕斯的酸度，也可以降低酸胁迫造成的乳酸菌死亡。

3.4 不同储藏温度下慕斯中挥发性化合物的变化

表3-10 慕斯中挥发性化合物的相对含量（%）

序号	风味物质	RP	RS	FP	FS
	酸类（6）	10.30	3.83	6.20	3.38
1	乙酸	3.95	—	0.88	—
2	丁酸	2.72	0.81	2.15	1.64
3	己酸	2.38	2.05	1.89	0.93
4	辛酸	0.78	0.60	0.83	0.52
5	癸酸	0.39	0.27	0.32	0.18
6	2-甲基丙酸	0.09	0.10	0.14	0.10
	酮类（7）	53.61	65.09	58.56	65.50
1	2,3-丁二酮	11.82	13.79	12.31	13.23

第三章 菊粉对益生菌慕斯品质及功能特性的影响

（续表）

序号	风味物质	RP	RS	FP	FS
2	2,3-戊二酮	0.77	0.64	0.52	0.85
3	3-羟基-2-丁酮	24.93	37.55	25.31	37.48
4	2-庚酮	9.18	9.39	11.60	8.87
5	2-壬酮	5.70	3.16	7.27	4.38
6	2-十一酮	1.08	0.52	1.38	0.63
7	2-十三酮	0.13	0.06	0.17	0.06
	醇类（7）	9.69	10.12	10.59	10.11
1	正己醇	5.10	5.39	5.88	5.11
2	糠醇	1.49	1.20	1.61	1.50
3	1-丁醇	1.20	1.23	0.87	1.42
4	1-戊醇	1.08	1.50	1.09	1.34
5	1-辛醇	0.58	0.46	0.70	0.35
6	1-辛烯-3-醇	0.16	0.26	0.36	0.30
7	3-甲基-2-丁烯醇	0.07	0.07	0.08	0.10
	酯类（4）	1.16	7.04	1.17	6.57
1	乙酸乙酯	—	5.77	—	4.97
2	甲酸庚酯	0.92	1.13	0.89	1.47
3	丁位癸内酯	0.14	0.08	0.18	0.09
4	丁位十二内酯	0.10	0.06	0.10	0.05
	醛类（5）	8.88	3.05	4.50	3.24
1	乙醛	7.42	1.81	3.24	2.35
2	壬醛	0.63	0.74	0.73	0.46
3	安息香醛	0.39	—	—	0.20
4	癸醛	0.28	0.22	0.31	0.10
5	反-2-辛烯醛	0.17	0.27	0.21	0.14
	其他（2）	0.73	0.69	1.00	0.84
1	L-柠檬烯	0.46	0.36	0.47	0.50
2	2-乙酰基呋喃	0.28	0.32	0.53	0.35
	主要挥发性风味物质总计	84.38	89.81	82.02	89.63

注："—"表示样品中该风味化合物未检测出。

风味是评价食品品质的重要指标，同时也是影响消费者对产品认可度的重要因素[43]。由表3-10可见，4组慕斯样品中共检测出31种挥发性化合物，包括6种酸、7种酮、4种酯、7种醇、5种醛和2种其他类物质。与未添加菊粉的RP和FP组相比，添加了菊粉的RS和FS组慕斯样品中的主要挥发性化合物的总含量均显著增加，且添加菊粉后的慕斯均未检测到乙酸，而增加了乙酸乙酯。乙酸乙酯是乙酸和乙醇发生酯化反应的产物，具有果香味，也是陈酿白酒、醋中的主要风味物质，在水果香精和奶油香精中就含有乙酸乙酯[44]。周瑞铮[45]研究发现在发酵香肠中添加菊粉后检测到了乙酸乙酯，但具体的原因还需深入研究。此外，添加了菊粉的RS和FS组中酮类物质和脂类物质的总含量显著增加，而酸类和醛类物质的总量有所降低。其中3-羟基-2-丁酮和2,3-丁二酮的相对含量均显著提高，这两种物质是发酵乳制品中的主要风味成分，具有浓郁的奶油香气[46]。上述结果说明在益生菌慕斯中添加适量的菊粉，可以增加慕斯的果香味和奶油香味，有助于改善产品的风味。

与4℃冷藏的慕斯相比，-18℃冻藏的FP组中的主要挥发性化合物的总含量相比RP组略有降低，而添加菊粉的FS与RS组很接近。这可能是因为添加菊粉使酸类物质的相对含量降低明显，这与滴定酸度测定结果一致。Figueroa等[47]的研究证实温度对鼠李糖乳杆菌发酵乳风味物质含量具有决定作用，本试验中冷冻储藏时抑制了发酵乳杆菌的活性和代谢速度，是慕斯中挥发性风味物质含量降低的主要原因。

4. 结论

本研究表明,在益生菌慕斯中添加菊粉和采用不同的储藏温度都会对产品的酸度、感官品质、活菌数和主要风味成分产生一定的影响。随着储藏时间的延长,益生菌慕斯的滴定酸度均呈上升趋势,感官品质和活菌数均逐渐降低,在4℃冷藏到14 d和-18℃冻藏90 d时感官品质显著低于储藏初期的样品。用3.5%的菊粉代替稀奶油能够降低益生菌慕斯在冷藏过程中的后酸化速度,提高益生菌慕斯的感官评分和活菌数,并提高慕斯中主要风味物质的含量,从而提升了产品的品质。与4℃储存的益生菌慕斯相比,-18℃冷冻储存的慕斯后酸化速度更慢,产品感官品质稳定,活菌数下降速度慢,产品的风味变化小。因此,用3.5%的菊粉替代益生菌慕斯中的稀奶油,并采用-18℃冷冻储藏,更有利于改善益生菌慕斯的储藏品质和风味。

第四节　菊粉对益生菌慕斯功能特性的影响

在益生菌甜点这种复杂的凝胶体系中,益生菌的生长会同时面临高氧、高渗透压、低pH值、低温等多方面的交互胁迫作用,此时会对益生菌的生理状况和功能特性产生怎样的影响,尚需深入研究[48]。本节主要对益生菌慕斯的抗氧化能力进行测定,通过比较清除DPPH·自由基能力、清除超氧阴离子自由基(O_2^-·)

能力、清除羟自由基（·OH）能力和还原力来评价其抗氧化效果。

确保益生菌在生产期间及保存期间的高生存力和代谢活性对于益生菌产品是非常重要的，通常认为益生菌必须要有足够的活性到达肠道的不同部位黏附和定植。除了消费时产品中的益生菌活性，它们暴露于胃肠道（GIT）条件后在食品基质中的存活率是决定其健康效率的最关键参数[49-50]。我们通过体外模拟人体消化环境，探讨慕斯中的 *L. fermentum* grx08 和 *S. thermophiles* grx02 对胃肠道以及胆盐的耐受能力，探讨菊粉能不能改善益生菌产品在通过胃肠道期间益生菌的活性，起到保护作用，目的就是为益生菌慕斯的功能特性，发挥健康促进作用提供参考。

1. 材料与仪器

1.1 材料与试剂

邻菲罗琳（天津市科密欧化学试剂有限公司）；Tris（上海生工生物工程技术服务有限公司）；过氧化氢、三氯乙酸、铁氰化钾、抗坏血酸、硼酸、氯化钾、氯化铁（国药集团化学试剂有限公司）；磷酸二氢钠、磷酸氢二钠（天津市科密欧化学试剂有限公司）；胃蛋白酶（北京索莱宝科技有限公司）；胰酶（上海生工生物工程有限公司）；胆盐（国药集团化学试剂有限公司）。

1.2 仪器与设备

SW-CJ-1F 型单人双面工作净化台（苏州净化设备有限公

司);SPX-250B 型生化培养箱(上海跃进医疗器械厂);JF-SX-500 全自动灭菌锅(日本 TOMY 公司);Bio-TckELX 800 酶标仪(美国宝特公司)。

2. 试验方法

2.1 体外抗氧化能力的测定

慕斯样品液的制备:分别准确称取慕斯 5.0 g,加 50.0 mL 蒸馏水稀释,混匀,放入离心机,以 3000 r/min 离心 10 min,取出离心管,静置 2 min,取上清液定容至 100.0 mL 备用。

2.1.1 对羟自由基(·OH)清除率的测定

参照 Moktan 等[51]的方法测定慕斯对羟自由基(·OH)清除率。取 1 mL 邻菲罗啉(2.5 mmol/L),1 mLPBS 缓冲液(0.02 mol/L,pH 7.4),1 mL 蒸馏水,充分混匀后,加入 1 mLFeSO$_4$(2.5 mmol/L),混匀,加入 1 mL 的 H$_2$O$_2$(20 mmol/L),在 37℃水浴 1.5 h,6000 r/min 离心 10 min,取上清液在 536 nm 处测定其吸光度为 A_1;用 1 mL 蒸馏水代替 1 mL 的 H$_2$O$_2$ 为 A_0;用 1 mL 待测样品代替 1 mL 的蒸馏水为 A_2。按照下列公式计算羟自由基的清除率:

$$羟自由基清除率 = \frac{(A_2 - A_1)}{(A_0 - A_1)} \times 100\%$$

式中:A_2 为含样品和 H$_2$O$_2$;A_1 为不含样品,含 H$_2$O$_2$;A_0 为不含样品和 H$_2$O$_2$。

2.1.2 对 DPPH·自由基清除率的测定

参照 Qian 等[52]的方法测定慕斯对 DPPH·自由基的清除率。取样品 1 mL，加入 1 mLDPPH·无水乙醇溶液（0.2 mmol/L），摇匀，避光反应 30 min，8000 r/min 离心 10 min，取上清液于 517 nm 处测定吸光度值 Ai；以等体积无水乙醇代替 DPPH·无水乙醇溶液为 Aj，以等体积无水乙醇代替样品溶液为 Ac，并以等体积蒸馏水和乙醇混合液调零。

$$DPPH·清除率 = \left[1 - \frac{(Ai - Aj)}{Ac}\right] \times 100\%$$

式中：Ac 为未加待测液时 DPPH 溶液的 OD 值；Ai 为加待测液时 DPPH 溶液的 OD 值；Aj 为待测液在测定波长 OD 值。

2.1.3　对超氧阴离子自由基清除率的测定

参照吴非等[53]的方法，测定慕斯对超氧阴离子自由基的清除率。在 10 mL 离心管中加入 4.5 mL 的 Tris-Hcl（0.05 mol/L，pH8.2）并置于 25℃恒温水浴中预热 20 min，然后加入样品溶液 1 mL，再加入 0.4 mL 7 mmol/L 已预热好的邻苯三酚溶液（25℃恒温水浴），充分混匀后放入 25℃恒温水浴中反应 10 min，然后加入 2 滴浓盐酸（10 mol/L）终止反应，8000 r/min 离心 10 min，取上清液于 325 nm 处测定吸光值。每个处理样品均做 3 个平行试验。

$$清除率 = \left[1 - \frac{A_b - A_c}{A_0}\right] \times 100\%$$

式中：A_b 为样品组吸光值，同时加邻苯三酚和样品组的吸光值；A_c 为空白组吸光值，加样品但不加邻苯三酚组的吸光值；A_0 为对照组吸光值，加邻苯三酚但不加样品组的吸光值。

2.1.4　还原力测定

参照 Moura 等[54]的方法测定慕斯的还原能力。在 10 mL 离心管中依次加入 1 mL 样品溶液，1 mL 1%铁氰化钾溶液和 1 mL PBS 溶液（pH6.6）充分混匀后于 50℃水浴反应 20 min，冷却后加入 1 mL TCA 溶液，8000 r/min 离心 10 min，取上清液 1 mL，加入 1 mL 0.1%三氯化铁溶液，反应 10 min 后于 700 nm 测吸光度。每个处理样品均做 3 个平行试验。吸光值越高表明样品的还原能力越强。

$$还原力 = (A_{样品} - A_{对照})/A_{对照} \times 100\%$$

2.2 耐酸耐胆盐能力测定

对于耐酸耐胆盐能力的测定包括如下三个方面。

2.2.1 对人工胃液的耐受性测定

pH 值为 3.0 的 PBS 溶液中，过 0.22 μm 滤膜后加入质量浓度为 3.0 g/L 胃蛋白酶制成人工胃液。取 1 g 慕斯样品[55]，接种到 9 mL 人工胃液中，37℃恒温培养，分别于 0 h、1 h、2 h、3 h 取样，采用平板计数法来测定乳酸菌活菌数。按照以下公式计算存活率。

$$存活率 = \frac{人工胃液处理 3h 后活菌数 [\lg(CFU/mL)]}{人工胃液初始活菌数 [\lg(CFU/mL)]} \times 100\%$$

2.2.2 对人工肠液的耐受性测定

将胰蛋白酶溶于 pH8.0 的 PBS 溶液中，使其浓度为 1.0 g/L，过 0.22 μm 滤膜后制成人工肠液，然后无菌吸取 pH 值为 3.0、消化 3 h 的含菌人工胃液样品 1 mL，接在 9 mL 过滤除菌的 pH 值为 8.0 的人工肠液中，继续置于 37℃培养箱厌氧培养 2 h、4 h 和 8 h 后平板计数法测定各个时段的活菌数。按照以下公式计算存活率。

$$存活率 = \frac{人工肠液处理 8h 后活菌数 [\lg(CFU/mL)]}{人工肠液中初始活菌数 [\lg(CFU/mL)]} \times 100\%$$

2.2.3 对胆盐的耐受性测定

用 NaOH 调整 MRS 液体培养基的 pH 值至 8.0，在上述培养基中加入牛胆盐[56]，使其质量浓度分别为 0.1%、0.3% 和 0.5%，以不添加牛胆盐的 MRS 液体培养基作为对照，121℃高压蒸汽灭菌 15 min，冷却待用。取 1 g 慕斯样品，分别接种到 9 mL 的不同胆盐浓度的上述处理后的 MRS 液体培养基中，37℃恒温培养，于 24 h 后取样，用平板计数法测定活菌数。按照以下公式计算存活率。

$$存活率 = \frac{作用 24\ h 后活菌数\ [\lg(CFU/mL)]}{初始活菌数\ [\lg(CFU/mL)]} \times 100\%$$

3. 结果与讨论

3.1 羟自由基清除率

2 组慕斯样品分别于 4℃储藏不同时间的羟自由基清除率测定结果如图 3-8 所示。

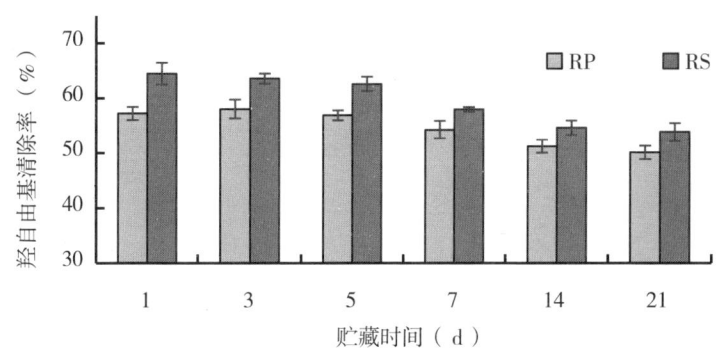

图 3-8 益生菌慕斯清除羟自由基能力比较

氧的损伤效应归因于氧自由基的形成，氧自由基包括 O_2^-、OH、H_2O_2 及单线态氧等，其中羟基自由基活泼性最强，氧化性最大，能与核酸、蛋白质、氨基酸和脂肪等生物体主要物质发生氧化反应，最终造成机体的功能损伤和衰老[57]。由图3-8可以看出，两组慕斯样品的羟自由基清除能力均随着储藏时间的延长而逐渐降低；与未添加菊粉的样品相比，添加了菊粉的益生菌慕斯的羟自由基清除能力显著提高。说明添加菊粉可以提高益生菌慕斯的清除羟自由基的能力，这可能是因为菊粉可以提高乳制甜点在低温储藏期间的活菌数的原因。而本研究中所使用的两种乳酸菌均具有较好的清除羟自由基的能力，当其活菌数越高，活性越强时，其清除羟自由基的能力也越强。

3.1.1 清除 DPPH·自由基

两组慕斯样品分别于 4℃ 储藏不同时间的 DPPH·自由基清除能力测定结果，如图 3-9 所示。

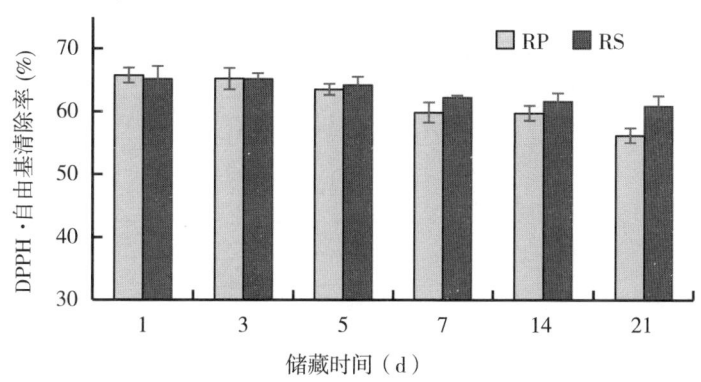

图 3-9 益生菌慕斯清除 DPPH·自由基能力比较

通过测定 DPPH·醇溶液吸光值的变化，可以评估某种物质对 DPPH·自由基的清除能力，常被用于食品的体外抗氧化活性研究。根据吸光度值降低计算清除率,清除率越大,抗氧化活性越强[58]。由图3-9可以看出,2组慕斯样品的DPPH·自由基清除能力均随着储藏时间的延长而逐渐降低,但随着储藏时间的延长,菊粉慕斯的DPPH·自由基清除能力显著高于益生菌慕斯;且益生菌慕斯的DPPH·自由基清除能力由冷藏第1 d的65.78%下降为56.23%,降低了9.55%;菊粉益生菌慕斯的羟自由基清除能力由冷藏第1 d的65.21%下降为60.89%,降低了4.32%。说明添加菊粉对慕斯储藏期间的DPPH·自由基清除率的下降有很好的抑制效果,这也与菊粉能提高益生菌慕斯中的活菌数有直接关系。

3.1.2 清除超氧阴离子自由基

2组慕斯样品在4℃储藏21 d期间对超氧阴离子自由基的清除率测定结果,如图3-10所示。

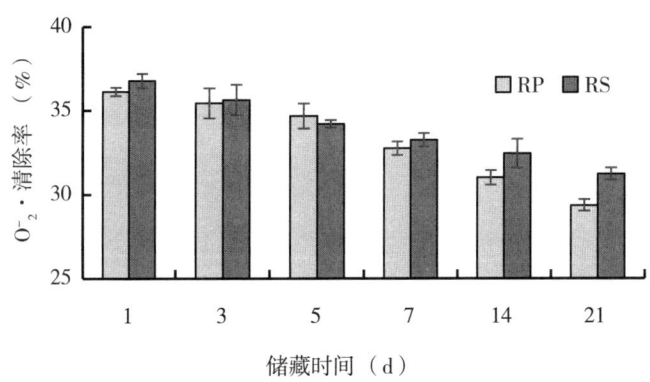

图3-10 益生菌慕斯清除超氧阴离子能力比较

邻苯三酚在Tris-HCl缓冲溶液中能够发生自氧化反应并产生超氧阴离子自由基,它会加速邻苯三酚的氧化速率并生成有色中间产物，这种有色物质在 325 nm 波长处有最大吸收峰，当反应体系中存在抗氧化物质时，它能清除超氧阴离子自由基，从而抑制中间有色物质的产生，最终导致该体系在 325 nm 处的吸光值降低。因此，可以通过测定在 325 nm 处吸光值的变化来评价某种物质清除超氧阴离子自由基的能力。由图 3-10 可以看出，在整个保存期内，菊粉慕斯对超氧阴离子清除率均明显高于益生菌慕斯，益生菌慕斯在冷藏 21 d 期间超氧阴离子清除率下降了 6.76%，而添加菊粉的益生菌慕斯仅下降了 5.54%，说明添加菊粉可以很好的维持益生菌慕斯清除超氧阴离子的能力。

3.1.3 还原能力

2 组慕斯样品在 4℃储藏 21 d 期间的还原能力测定结果，如图 3-11 所示。

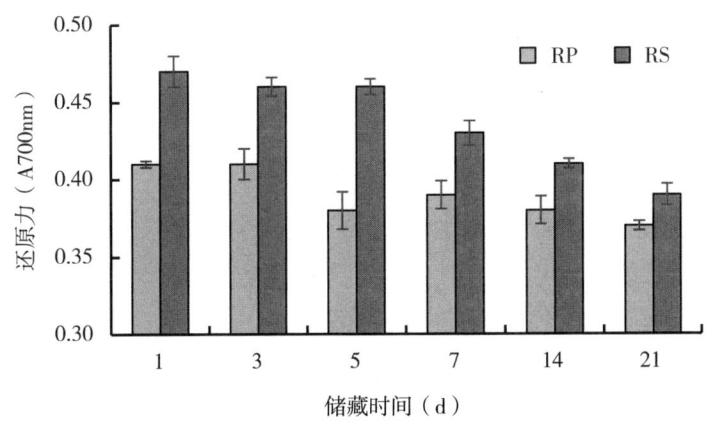

图 3-11 益生菌慕斯还原能力比较

还原能力的测定是检验抗氧化物质是否具有电子供体的能力，是用来评价抗氧化活性的常用方法。从图 3-11 可以看出，在 4℃冷藏期间 2 组慕斯样品的还原力均呈下降趋势；在相同的储藏时间,菊粉慕斯的还原力显著高于未添加菊粉的益生菌慕斯,说明添加菊粉能够有效提高益生菌慕斯的还原力,这可能与菊糖可以通过电子转移而输出电子来清除自由基有关[125,126]。

3.2 慕斯中益生菌对人工胃液耐受性研究

慕斯样品在4℃储藏1 d后,测定了样品在人工胃液中处理0 h、1 h、2 h、3 h的活菌数,结果如图3-12所示。

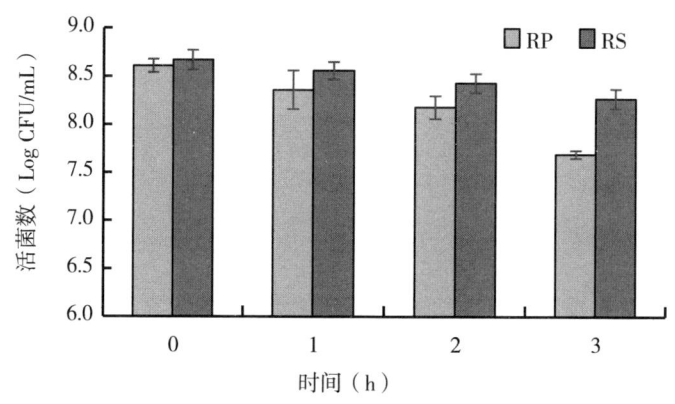

图3-12 在pH3.0的人工胃液中的活菌数

益生菌只有顺利到达人体肠道时才能发挥其益生功能,因此必须耐受胃部的酸性环境和胃蛋白酶的作用。一般来讲,微生物在处于强酸性环境时,其活性常常会降低,因此,用于益生菌食品生产的发酵剂菌种应具备一定的耐酸和耐胃蛋白酶能力[59]。由图3-12可以看出,两组慕斯样品在pH值3.0的人工胃液中的活菌数均随着作用时间的延长呈下降趋势($P<0.05$),但3 h后各样品的活菌数均高于10^7 CFU/g;其中未添加菊粉的慕斯样品比添加菊粉的下降更快,由初始活菌数为8.61 log CFU/g,在人

工胃液作用 3 h 后下降到 7.69 log CFU/g，存活率为 89.31%；而添加菊粉的益生菌慕斯初始活菌数为 8.67 log CFU/g，人工胃液作用 3 h 后下降到 8.27 log CFU/g，存活率为 95.38%。上述实验结果说明添加菊粉可以提高慕斯中益生菌在人工胃肠中的耐受性，同时慕斯基质中添加的蛋黄、牛奶均会对胃酸具有一定的缓冲作用，且慕斯的初始活菌数量较高，从而确保了益生菌慕斯在人工胃液处理 3 h 后，仍保持较高的活菌数[60]。Buriti 等[37]的研究也证实了菊粉可以改善番石榴慕斯中的嗜酸乳杆菌 LA-5 对胃肠条件的耐受性，与本研究的结果一致。

3.3 慕斯中的益生菌对人工肠液的耐受性研究

经 3 h 的人工胃液作用后，将慕斯样品再进行不同时间的人工肠液作用，分别于 2 h、4 h、8 h 测定 S. thermophiles grx02 的活菌数，并计算其存活率，结果见图 3-13。

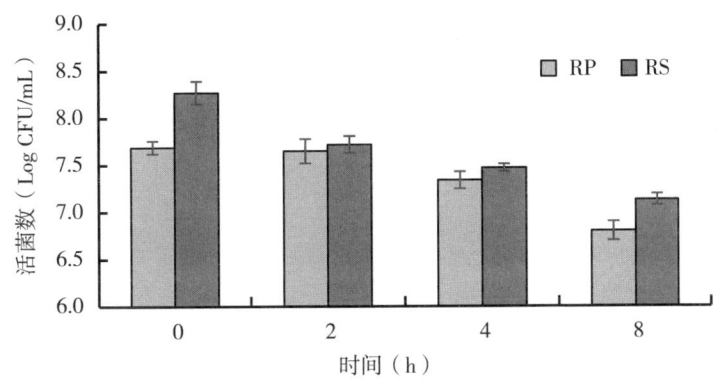

图 3-13　在人工肠液中不同时间的存活率

食物进入小肠后的停留时间一般在 6~8 h，而小肠内的 pH

值在 7.6 左右，肠液中含有胆汁酸和消化酶等成分对益生菌的活性均会产生影响。益生菌进入肠道后只有保持较高的活菌数，才能发挥其益生作功能。由图 3-13 可以看出，随着人工肠液作用时间的延长，两组慕斯样品中的活菌数均呈下降趋势，但经过 8 h 人工肠液作用后，两组样品中的活菌数均在 10^6 CFU/g 以上，说明益生菌慕斯中的 L. fermentum grx08 和 S. thermophiles grx02 对人工肠液具有较好的耐受性。在相同的作用时间，添加菊粉的慕斯的活菌数均明显高于未添加菊粉的样品，说明菊粉可以提高菌株的人工肠液耐受能力。

3.4 慕斯中的益生菌对胆盐耐受性研究

慕斯样品在不同质量浓度的 MRS 液体培养基中作用 24 h 后活菌数如图 3-14 所示。

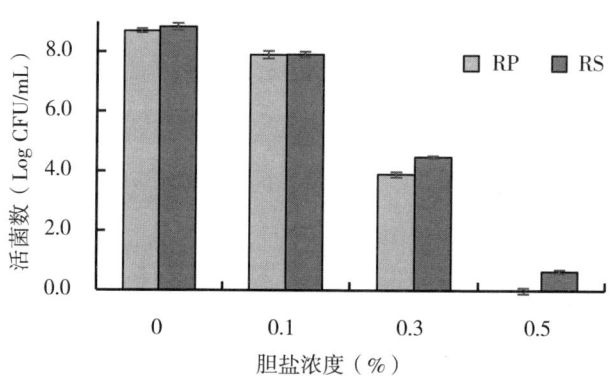

图 3-14 在不同胆盐质量浓度条件下的存活率

人体肠道不同部位的胆盐浓度一般在 0.1%~0.5%，胆盐会对益生菌细胞产生较强的渗透压胁迫，影响菌株的活性[129]。由图 3-14 可以看出，随着胆盐浓度的升高，慕斯中的活菌数随之降低。在质量浓度为 0.1% 的牛胆盐作用 24 h 下,慕斯中的活菌数变化较小,分别降低了 0.79 log CFU/mL 和 0.92 log CFU/mL,均高于 10^7 CFU/mL;但在 0.3%~0.5% 的牛胆盐活菌数下降显著,这是因为胆盐浓度较高会造成菌体细胞膜溶解,胞内物质流出,部分细胞死亡[61]。在较高质量浓度的胆盐作用下,添加菊粉的慕斯活菌数明显高于未添加菊粉的样品,说明菊粉对菌株具有一定的保护作用,提高的乳酸菌对胆盐渗透的耐受性。许多研究证实,一些食品成分可能包裹益生菌,使益生菌不暴露于胆汁中,还有的食品成分可以结合胆汁酸,减少胆盐对益生菌的危害[61]。

4. 结论

(1)益生菌慕斯具有较好的抗氧化能力。随着冷藏时间的延长,慕斯的各项抗氧化指标均有一定的降低。

(2)添加菊粉可以提高慕斯对羟自由基和超氧阴离子自由基的清除能力,对 DPPH·自由基清除能力的影响不明显,可以提高慕斯的还原力,因此,添加适量的菊粉可以增加慕斯的抗氧化能力。

(3)慕斯中的 *L. fermentum* grx08 和 *S. thermophilus* grx02 对人工胃液、肠液和胆盐均具较好的耐受能力,添加菊粉可以提高慕斯菌株对模拟胃肠道环境的耐受性,在一定程度上可有效消除酸和胆盐胁迫所带来的不利影响。

益生菌慕斯具有良好的抗氧化能力,且添加到慕斯中的 *L. fermentum* grx08 和 *S. thermophilus* grx02 具有一定的耐受胃肠道环境胁迫的能力。

本章参考文献

[1] CARDARELLI H R, ARAGON-ALEGRO L C, ALEGRO J H A, et al. Effect of inulin and *Lactobacillus paracasei* on sensory and instrumental texture properties of functional chocolate mousse [J]. Journal of the Science of Food and Agriculture, 2008, 88 (3): 1318-1324.

[2] SILVA R F. Use of inulin as an *natural* texture modifier [J]. Cereal Foods World, 1996, 40 (10): 792-794.

[3] SCHALLER-POVOLNY L A, SMITH D E, LABUZA TP. Effect of water content and molecular weight on the moisture isotherms and glass transition properties of inulin [J]. International Journal of Food Properties, 2000, 3 (2): 173-192.

[4] 李雨露, 刘丽萍, 佟丽媛, 等. 菊粉对低糖低脂酸奶品质的影响 [J]. 食品与发酵工业, 2015, 41 (12): 131-134.

[5] 何君, 韩育梅, 刘敏, 等. 菊粉和低聚果糖对发酵乳品质的影响 [J]. 中国食品学报, 2019, 19 (11): 116-123.

[6] TRUJILLODE S G, SAENZCOLLINS C P, ROJASDE G C. Elaboration of a probiotic oblea from whey fermented using *Lactobacillus acidophilus* or *Bifidobacterium infantis* [J]. Journal of Dairy Science, 2012, 95 (12): 6897-6904.

[7] 王娜, 华蕾, 周文娟, 等. 乳酸菌在慕斯中的生长特性

研究 [J]. 美食研究, 2017, 34 (4): 60-64.

[8] 中华人民共和国卫生部. GB 5009.239—2016 食品安全国家标准食品酸度的测定 [S]. 北京: 中国标准出版社, 2016.

[9] 中华人民共和国卫生部. GB 4789.35—2016 食品安全国家标准食品微生物学检验乳酸菌检验 [S]. 北京: 中国标准出版社, 2010.

[10] 陈霞, 周文娟, 陆丹丹, 等. 菊粉替代稀奶油对益生菌慕斯质构及流变特性的影响 [J]. 扬州大学学报（生命科学版）, 2019, 40 (6): 67-72.

[11] GUVEN M, YASAR K, KARACA O B, et al. The effect of inulin as a fat replacer on the quality of set-type yogurt manufacture [J]. International Journal of Dairy Technology, 2005, 58 (3): 180-184.

[12] TIWARI A, SHARMA H K, KUMAR N, et al. The effect of inulin as a fat replacer on the quality of low-fat ice cream [J]. International Journal of Dairy Technology, 2015, 68 (3): 374-380.

[13] CAPELA P, HAY T K C, SHAH N P. Effect of cryoprotectants, prebiotics and microencapsulation on survival of probiotic organisms in yoghurt and freeze-dried yoghurt [J]. Food Research International, 2006, 39 (2): 203-211.

[14] BURITI F C A, CASTRO R A, SAAD R M I. Effects of refrigeration, freezing and replacement of milk fat by inulin and whey protein concentrate on texture profile and sensory acceptance of synbiotic guava mousses [J]. Food Chemistry, 2010, 123 (4): 1190-

1197.

[15] Rene A de Wijk, Leo J van Gemert, Marjolein E. J Terpstra, et al. Texture of semi-solids: sensory and instrumental measurements on vanilla custard desserts [J]. Food Quality & Preference, 2003, 14 (4): 305-317.

[16] 王娜. 益生菌慕斯的配方优化及其抗氧化功能研究 [D]. 扬州: 扬州大学, 2018.

[17] BURITI F C A, SAAD S M. Chilled milk-based desserts as emerging probiotic and prebiotic products [J]. Critical Reviews in Food Science & Nutrition, 2014, 54 (2): 139-150.

[18] AKALIN A S, ERISIR D. Effects of inulin and oligofructose on the rheological characteristics and probiotic cultures urvival in low-fat probiotic ice cream [J]. Journal of food science, 2008, 73 (4): 184-188.

[19] MEYER D, BAYARRI S, TARREGA A, et al. Inulin as texture modifier in dairy products [J]. Food Hydrocolloids, 2011, 25 (8): 1881-1890.

[20] XAVIER-SANTOS D, LIMA E D, SIMAO A N C, et al. Effect of the consumption of a synbiotic diet mousse containing *Lactobacillus acidophilus* LA-5 by individuals with metabolic syndrome: A randomized controlled trial [J]. Journal of Functional Foods, 2018, 41 (2): 55-61.

[21] 贺红军, 张雪婷, 邹慧, 等. 低脂冰淇淋质构与感官评价的相关性研究 [J]. 食品科技, 2015, 40 (2): 338-343.

[22] 王松松, 陈庆森. 3种发酵乳制品流变性质的比较与分

析 [J]. 食品科学, 2011, 32 (19): 7-11.

[23] FLAVIA CA, BURITI A, INAR A, et al. Effects of refrigeration, freezing and replacement of milk fat by inulin and whey protein concentrate on texture profile and sensory acceptance of synbiotic guava mousses [J]. Food Chemistry, 2010, 123 (5): 1190-1197.

[24] EL-NAGAR G, CLOWES G, TUDORICA C M, et al. Rheological quality and stability of yog-ice cream with added inulin [J]. International Journal of Dairy Technology, 2002, 55 (2): 89-93.

[25] AKALIN AS, ERISIR D. Effects of inulin and oligofructose on the rheological characteristics and probiotic culture survival in low-fat probiotic ice cream [J]. Journal of food science, 2008, 73 (4): 184-188.

[26] BRENNAN C S, TUDORICA C M. Carbohydrate-based fat replacers in the modification of the rheological, textural and sensory quality of yoghurt: comparative study of the utilisation of barley beta-glucan, guar gum and inulin [J]. International Journal of Food Science and Technology, 2008, 43 (5): 824-833.

[27] Schaller-Povolny L A, Smith D E. Viscosity and freezing point of a reduced fat ice cream mix as related to inulin content [J]. Milchwissenschaft - milk Science International, 2001, 56 (1): 25-29.

[28] NINESS K N, KATHY R N. Inulin and oligofructose: what are they? [J]. Journal of Nutrition, 1999, 129 (7): 1402-

1406.

[29] ROSSA P N, EMFD S, BURIN V M, et al. , et al. Optimization of microbial transglutaminase activity in ice cream using response surface methodology [J]. LWT – Food Science and Technology, 2011, 44 (1): 29-34.

[30] 田芬, 粘靖祺, 霍贵成. 嗜酸乳杆菌和双歧杆菌发酵乳的流变特性研究 [J]. 食品科学, 2012, 33 (5): 155-159.

[31] HALMOS A L, TIUC. Liquid food stuffs exhibiting yield stress and shear – degrad ability [J]. Journal of Texture Studies, 2010, 12 (1): 39-46.

[32] TARREG A A. DURA N L, COSTEL L E. Flow behavior of semi-solid dairy desserts. Effect of temperature [J]. International Dairy Journal, 2004, 14 (4): 345-353.

[33] 申瑞玲, 姚惠源. 裸燕麦麸 β-葡聚糖的流变学特性及凝胶形成 [J]. 食品与生物技术学报, 2005, 24 (1): 41-44.

[34] CARDARELLI H R, ARAGON – ALEGRO L C, ALEGRO J H, et al. Effect of inulin and Lactobacillus paracasei on sensory and instrumental texture properties of functional chocolate mousse [J]. Journal of the Science of Food & Agriculture, 2008, 88 (8): 1318-1324.

[35] KOMATSU T R, BURITI F C A, SILVA R C, et al. Nutrition claims for functional guava mousses produced with milk fat substitution by inulin and/or whey protein concentrate based on heterogeneous food legislations [J]. LWT – Food Science and Technology, 2012, 50 (2): 755-765.

[36] BURITI F C A, CASTRO I A, SAAD S M. Viability of *Lactobacillus acidophilus* in synbiotic guava mousses and its survival under in vitro simulated gastrointestinal conditions [J]. International Journal of Food Microbiology, 2010, 137 (2): 121-129.

[37] TRIPATHI MK, GIRI SK. Probiotic functional foods: survival of probiotics during processing and storage [J]. Journal of Function Foods, 2014, 9 (5): 225-241.

[38] DOUGLAS X S, RAQUEL B, PATRIZIA P, et al. *L. acidophilus* LA-5, fructo-oligosaccharides and inulin may improve sensory acceptance and texture profile of a synbiotic diet mousse [J]. LWT-food science and technology, 2019, 105 (2): 329-335.

[39] PINHO O, FERREIRA I, FERREIRA M A. Solid-phase microextraction in combination with GC/MS for quantification of the major volatile free fatty acids in ewe cheese [J]. Analytical Chemistry, 2002, 74 (20): 5199-5204.

[40] 虞姣姣, 马亚芳, 温德兰, 等. 不同质量浓度低聚果糖和低聚半乳糖对发酵乳品质的影响 [J]. 食品科学, 2015, 36 (7): 66-70.

[41] ARAGON-ALEGRO L C, ALEGRO J H, CARDARELLI H R, et al. Potentially probiotic and synbiotic chocolate mousse [J]. LWT-Food Science and Technology, 2007, 40 (4): 669-675.

[42] MORAIS E C D. Prebiotic addition in dairy products: processing and health benefits [M]. England: Academic Press, 2016.

[43] ROUTRAY W, MISHRA H N. Scientific and technical

aspects of yogurt aroma and taste: a review [J]. Comprehensive Reviews in Food Science and Food Safety, 2011, 10 (4): 208-220.

[44] 舒杰, 刘东红, 江涛, 等. 黄酒超声陈化机理的研究 [J]. 中国食品学报, 2014, 14 (5): 43-48.

[45] 周瑞铮. 低聚果糖和菊粉对发酵香肠风味的影响 [D]. 扬州: 扬州大学, 2018.

[46] 葛武鹏, 李元瑞, 陈瑛, 等. 牛羊奶酸奶挥发性风味物质固相微萃取 GC/MS 分析 [J]. 农业机械学报, 2008, 39 (11): 64-69.

[47] FIGUERO R M, OLIVER G, de CADEN S I L B. Influence of temperature on flavour compound production from citrate by *Lactobacillus rhamnosus* ATCC 7469 [J]. Microbiological Research, 2001, 155 (4): 257-262.

[48] KOMATSU T R, BURITI F C A, SILVA R C, et al. Nutrition claims for functional guava mousses produced with milk fat substitution by inulin and/or whey protein concentrate based on heterogeneous food legislations [J]. LWT-Food Science and Technology, 2012, 50 (2): 755-765.

[49] OLIVEIRA K M, DAMIN M R, MINOWA E, et al. Chemical and viability changes during fermentation and cold storage of fermented milk manufactured using yogurt and probiotic bacteria [J]. Egyptian Dental Journal, 2006, 24 (24): 1-10.

[50] PAPADIMITRIOU K, ZOUMPOPOULOU G, FOLIGN B, et al. Discovering probiotic microorganisms: in vitro, in vivo, genetic and omics approaches [J]. Frontiers in Microbiology, 2015,

6（58）：58.

[51] MOKTAN B, SAHA J, SARKAR PK. Antioxidant activities of soybean as affected by Bacillus-fermentation to kinema [J]. Food Research International, 2008, 41（6）：586-593.

[52] QIAN ZJ, RYU BM, KIM MM, et al. Free radical and reactive oxygen species scavenging activities of the extracts from seahorse, Hippocampus kuda Bleeler [J]. Biotechnology and Bioprocess Engineering, 2008, 13（6）：705-715.

[53] 吴非，刘丽平，曾婷. 发酵豆制品的抗氧化活性研究 [J]. 食品与发酵工业，2008, 34（11）：53-56.

[54] MOURA C S, LOLLO P C B, MORATO P N, et al. Assessment of antioxidant activity, lipid profile, general biochemical and immune system responses of Wistar rats fed with dairy dessert containing *Lactobacillus acidophilus* LA-5 [J]. Food Research International, 2016.

[55] 熊涛，宋苏华，黄锦卿，等. 植物乳杆菌NCU116在模拟人体消化环境中的耐受力 [J]. 食品科学，2011, 32（11）：114-117.

[56] MARTEAU P, MINEKUS M, HAVENAAR R, et al. Survival of lactic acid bacteria in a dynamic model of the stomach and small intestine: validation and the effects of bile [J]. Journal of Dairy Science, 1997, 80（6）：1031.

[57] DALLE-DONNE I, ROSSI R, COLOMBO R, et al. Biomarkers of oxidative damage in human disease [J]. Clinical Chemistry, 2006, 52（4）：601-23.

[58] DUNNE C, OMAHONY L, MURPHY L, et al. In vitro selection criteria for probiotic bacteria of human origin: correlation with in vivo findings [J]. American Journal of Clinical Nutrition, 2001, 73 (2 Suppl): 386.

[59] STIEGER B. The Role of the Sodium-Taurocholate Co-transporting Polypeptide (NTCP) and of the Bile Salt Export Pump (BSEP) in Physiology and Pathophysiology of Bile Formation [J]. Handbook of Experimental Pharmacology, 2011, 201 (201): 205.

[60] SANDERS M E, MARCO M L. Food formats for effective delivery of probiotics [J]. Annu Rev Food Sci Technol, 2010, 1 (1): 65-85.

[61] BEGLEY M, GAHAN C G M, HILL C. The interaction between bacteria and bile [J]. Fems Microbiology Reviews, 2005, 29 (4): 625.

第四章 益生菌奶冻的配方优化及储藏特性研究

奶冻是一种口感细腻、香甜爽滑的半凝固状冷冻甜品,其组织状态类似于果冻,但其营养价值远高于果冻[1]。在欧美国家,奶冻常作为餐后甜点或零食食用。在奶冻中添加益生菌发酵乳和菊粉,不仅可以改善奶冻的风味和口感,而且赋予了奶冻益生功能,提高了商业价值和消费者吸引力[2]。Helland 等[3]研究发现乳酸菌在乳基谷物布丁中的活菌数显著高于水基谷物布丁,说明乳基谷物布丁是乳酸菌生长的良好载体。Humeyra 等[4]研究发现在巧克力布丁中添加葡聚糖型胞外多糖可以提高布丁中 *L. rhamnosus* GG 的活菌数。Irkin[5]等研究发现在巧克力布丁中添加动物双歧杆菌后,产品在冷藏期间能够保持较高的活菌数。但在益生菌奶冻的生产过程,必须通过低温来使其凝冻,且添加了活性益生菌的奶冻一般需要低温储存,这些低温处理过程都会对益生菌的活性和代谢产生一定的影响,因此有必要对乳酸菌在奶冻生产和储藏过程中的生长和代谢特性开展研究。

这里,我们以益生菌奶冻为研究对象,研究四株益生菌在奶冻基质中的生长特性，筛选适合益生菌奶冻生产的发酵剂；通过添加菊粉作为益生元，研究菊粉对益生菌奶冻品质及益生菌活性的影响，并对产品配方进行优化，从而进一步研究添加益生菌和菊粉对奶冻储藏特性的影响。

第一节 益生菌奶冻发酵剂的筛选

在奶冻产品中添加益生菌发酵乳，不仅可以改善产品的风味和口感，而且可以赋予产品良好的益生特性。但奶冻加工和储藏过程的高渗透压、低温等因素都会对益生菌的生长产生胁迫作用，且不同益生菌对上述环境因子的耐受能力也会不同。我们选择了5株具有良好功能特性的专利乳酸菌分别制备发酵乳，再制作益生菌奶冻。通过测定奶冻样品在4℃储藏21 d期间的活菌数、pH值、滴定酸度和感官品质等指标，筛选适合益生菌奶冻生产的益生菌菌株。

1. 材料与设备

1.1 菌种

益生菌菌种：发酵乳杆菌grx08（*L. fermentum* grx08）、鼠李糖乳杆菌hsryfm1301（*L. rhamnosus* hsryfm1301）、嗜热链球菌grx02（*S. thermophiles* grx02）、嗜热链球菌90-57（*S. thermo-*

philes 90-57）均由江苏省乳品生物技术与安全控制重点实验室提供；鼠李糖乳杆菌 GG（*L. rhamnosus* GG）从市场购买。

1.2 试验材料

安佳稀奶油、恒天然脱脂乳粉（新西兰恒天然公司）；牛奶（扬大康源乳业有限公司）；白砂糖（市售）；百利牌吉利丁片（意大利百利凝公司）；乐芙娜西西里柠檬汁（意大利 Eurofood 公司）。

1.3 仪器设备

FIS#13-636-XL25 型酸度计（美国 Fisher Scientific 公司）；JF-SX-500 全自动灭菌锅（日本 TOMY 公司）；SPX-250B 型生化培养箱（上海跃进医疗器械厂）；SM-101 打蛋器（无锡新麦机械有限公司）；GYB60-08 型高压均质机（上海东华高压均质机厂）；TMS-pro 食品质构仪（美国 FTC 公司）。

2. 试验方法

2.1 乳酸菌发酵剂的活化培养

将 5 种乳酸菌菌株先接种到 MRS 液体培养基中，在 37℃ 条件下进行活化培养 2 次，直至其恢复活力。把活化好的菌种以 3%（v/v）接种量分别接种到灭菌脱脂乳中，在 37℃ 下培养，直到其凝固。

2.2 发酵乳的制备

配料（脱脂乳粉质量分数12%、白砂糖7%、葡萄糖1%）→搅拌→均质→杀菌→迅速冷却→接种→42℃发酵培养→冷藏后熟（4℃）→成品。

由于 L. rhamnosus GG 为乳糖阴性，所以将葡萄糖作为易发酵的碳水化合物添加到发酵乳中。

2.3 益生菌奶冻的制备

2.3.1 基础配方

表 4-1 益生菌奶冻的基础配方

原料	质量（g）	质量百分比（%）
发酵乳	100	58.8
牛奶	25	14.7
稀奶油	25	14.7
白砂糖	12	7.1
柠檬汁	4	2.4
吉利丁片	4	2.4
总量	170	100

2.3.2 工艺流程

参考 Helland 等[3]的方法，并略作改动。

软化吉利丁→牛奶、稀奶油加白砂糖预热混匀→杀菌（95℃，5 min）→冷却至60℃→加入泡软的吉利丁片→搅拌融化→冷却到42℃→加入发酵乳、柠檬汁搅拌均匀→装灌（60.0

克/杯）→冷藏凝冻（4℃）。

2.4 活菌数的测定

参照 GB 4789.35—2016[6]中乳酸菌活菌数的测定方法，测出 5 种益生菌奶冻样品中的活菌数。

2.5 滴定酸度和 pH 值测定

将益生菌奶冻放入4℃冰箱中保存，并分别于1 d、3 d、7 d、14 d 和 21 d 检测滴定酸度和 pH 值。滴定酸度的测定参照 GB 5009.239—2016[7]的方法进行；pH 值的测定使用酸度计在室温环境下进行。

2.6 质构特性测定

参照贾洪信等[8]的方法，稍作修改，使用 TMS-Pro 食品质构仪进行 TPA 测定。测定探头：P/5 柱形探头；测定参数：测前速度 1.0 mm/s，测试速度 1.0 mm/s，起始力 0.01 N，测试后速度 1.0 mm/s，压缩率 30%。

2.7 感官评定方法

由 10 名经过食品感官分析培训的人员对奶冻的外观、风味、口感和组织状态进行感官评价，评价标准见表 4-2。

表 4-2 感官评分标准

项目	满分	评分标准	得分
外观	20	乳白色或乳黄色，颜色均匀，形态完整	17~20
		乳白色或乳黄色，颜色不均匀，但无明显色差	12~16
		颜色不均匀，有明显色差	0~11
口感	30	口感细腻、爽滑，有一定咀嚼性和弹性	26~30
		口感较细腻、爽滑，咀嚼性和弹性一般	15~25
		口感不细腻、不爽滑	0~14
风味	20	具有发酵乳的香气和柠檬香味，酸甜适口	17~20
		发酵乳或柠檬香味较淡，甜度较甜或较淡	12~16
		发酵乳香味淡，柠檬香味较淡，过甜或无甜味	0~11
组织状态	30	表面较光滑，组织均匀，无孔洞	26~30
		表面光滑，组织均匀，少许孔洞	15~25
		表面不光滑，组织不均匀，孔洞较多	1~14

2.8 数据分析

所有试验重复 3 次，采用 SPSS 22.0 中的 One-Way ANOVA 对数据进行统计和显著性分析。

3. 结果与讨论

3.1 储藏期间奶冻活菌数的变化

5 组奶冻样品在 4℃储藏 21 d 期间的活菌数测定结果如图 4-1 所示。

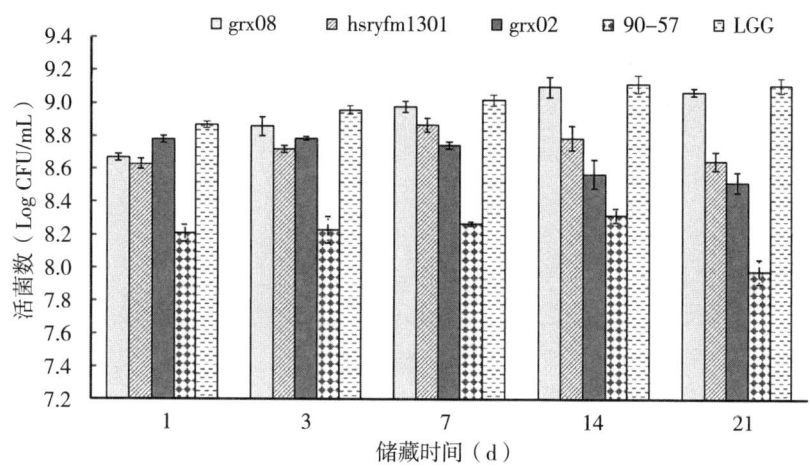

图4-1 不同益生菌奶冻储藏期间活菌数的变化

益生菌产品能够发挥益生功能的首要条件是产品中的活菌数达到较高水平，一般要求不低于10^6 log CFU/g。由图4-1可知，5种益生菌奶冻在4℃储藏21 d期间活菌数在7.98～9.12 log CFU/mL，其中由 *L. rhamnosus* GG 和 *L. fermentum* grx08 制作出的奶冻在冷藏21 d期间活菌数始终保持在较高的水平，在21 d时分别为9.11 log CFU/mL和9.07 log CFU/mL；其他3组样品的活菌数在第7 d时开始下降；*S. thermophiles* 90-57制作出的奶冻中活菌数显著低于其他4组样品，但在4℃储藏21 d期间活菌数相对稳定，保持在7.98～8.21 log CFU/mL；*S. thermophiles* grx02制作的奶冻在储藏期间所含的益生菌活菌数呈下降趋势，其他3组样品所含活菌数在1～14 d期间均缓慢上升，在14 d后又有所下降，但是21 d后均保持在8.0 logCFU/mL以上，说明乳制奶冻是益生菌生存的良好载体。

3.2 储藏期间奶冻 pH 值的变化

5 组奶冻样品在 4℃储藏 21 d 期间 pH 值的变化,如图 4-2 所示。

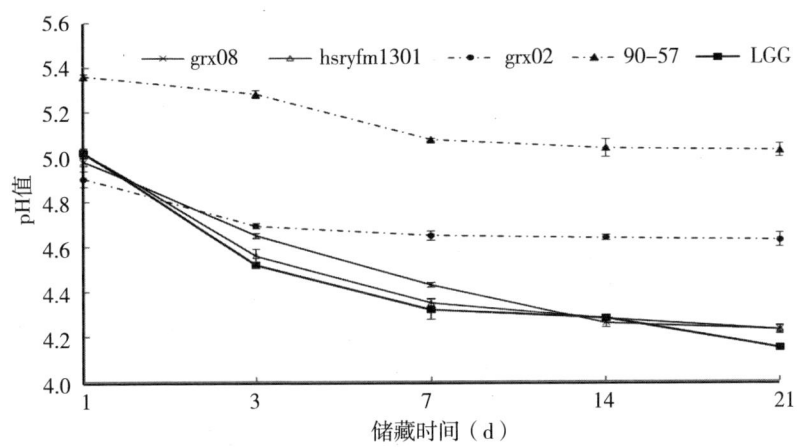

图 4-2 储藏期间奶冻 pH 值的变化

由图 4-2 可知,5 组益生菌奶冻样品的 pH 值在 4℃储藏 21 d 期间均呈下降趋势,其中 LGG、hsryfm1301 组和 grx08 组下降的速度比较快;而 90-57 和 grx02 组样品的 pH 值下降比较缓慢。这是因为 *L. rhamnosus* GG、*L. rhamnosus* hsryfm1301 和 *L. fermentum* grx08 为乳杆菌,*S. thermophiles* 90-57 和 *S. thermophiles* grx02 为嗜热链球菌,乳杆菌的产酸能力比嗜热链球菌更强,因此制成的奶冻的 pH 值下降幅度比较大。另外不同的菌株其耐酸能力差别较大,从前面活菌数的数据中可以看出 *L. fermentum* grx08 和 LGG 组样品在 4℃储藏 21 d 期间活菌数较高,说明这两株菌在益生菌奶冻的储藏期间仍保持较高的活力,能继续分解糖类产酸。

3.3 储藏期间奶冻滴定酸度的变化

5组奶冻样品在4℃储藏21 d期间滴定酸度的变化,如图4-3所示。

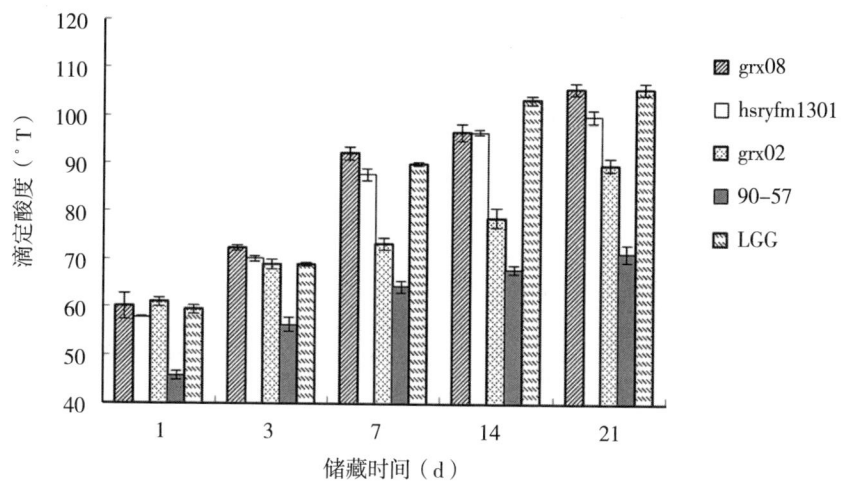

图4-3 储藏期间奶冻滴定酸度的变化

滴定酸度的大小反映了食品中游离氨基酸残基、肽段等所有酸性基团的总和[7],其高低直接影响产品的风味、口感、组织状态、保质期和活菌数等。由图4-3可以看出,随着储藏时间的延长,5组奶冻样品的滴定酸度均呈逐渐上升趋势。其中LGG、hsryfm1301和grx08组奶冻样品的滴定酸度显著高于另外2组,这与pH值的测定结果是一致的。滴定酸度太高会使奶冻产品的风味和口感变差,产品的稳定性也会降低。由 *S. thermophiles* 90-57和 *S. thermophiles* grx02制作的奶冻样品酸度相对较低,在21 d冷藏期间升幅较小,因此可以考虑将上述发酵剂菌株进行复配处理。

3.4 储藏期间奶冻感官品质的变化

5组奶冻样品在4℃冷藏21 d期间的感官得分,如图4-4所示。

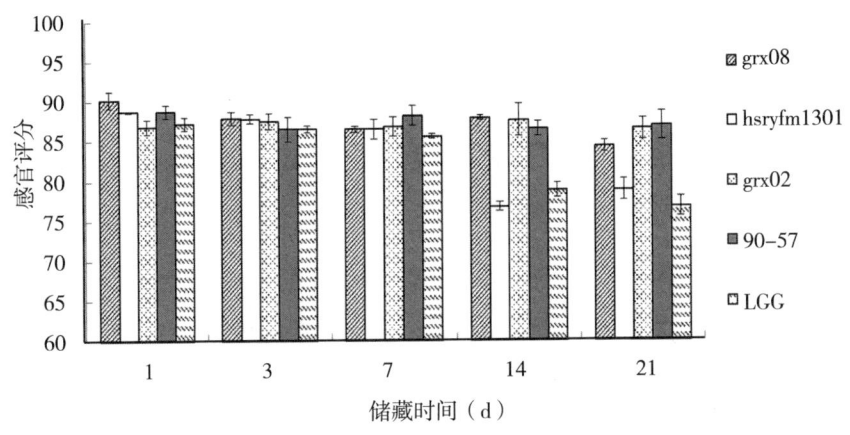

图4-4 储藏期间奶冻感官品质变化

由图4-4可以看出,在4℃储藏21 d期间5组样品的感官得分均呈逐渐下降趋势,其中LGG和hsryfm1301下降较多,在14 d时酸味较重,产品的口感不够细腻,风味受到了影响,这与菌株较强的产酸能力有关;grx08、grx02和90-57组样品外观光滑,组织均匀,发酵乳风味浓郁,口感细腻,酸甜爽口;3组样品的感官评分在21 d储藏期间保持在较高水平,在84.3~86.9分。综合5种发酵剂制备的益生菌奶冻中的活菌数、pH、滴定酸度及感官评分,选择 *L. fermentum* grx08 和 *S. thermophiles* grx02 两种乳酸菌进行复配,筛选适合益生菌奶冻生产的复合菌株。

3.5 发酵剂的复配筛选

将 *S. thermophiles* grx02 和 *L. fermentum* grx08 两种乳酸菌按照 1∶0、20∶1、10∶1、5∶1、1∶1 和 0∶1 比例进行复配，制得的益生菌布丁在4℃冷藏24 h的活菌数如图4-5所示，感官评分如图4-6所示。

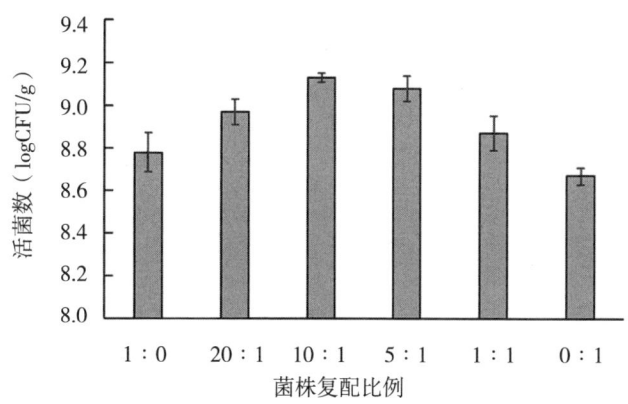

图4-5　不同菌种配比对益生菌奶冻活菌数的影响

由图4-5可以看出，将 *S. thermophiles* grx02 和 *L. fermentum* grx08 两种乳酸菌按照不同比例进行复配后，制得的益生菌奶冻的活菌数较单个菌株的样品均有所提高。且当 *S. thermophiles* grx02 和 *L. fermentum* grx08 的比例为10∶1时，益生菌奶冻的活菌数最高，为9.13 logCFU/g，说明这两株菌之间存在较好的共生关系。

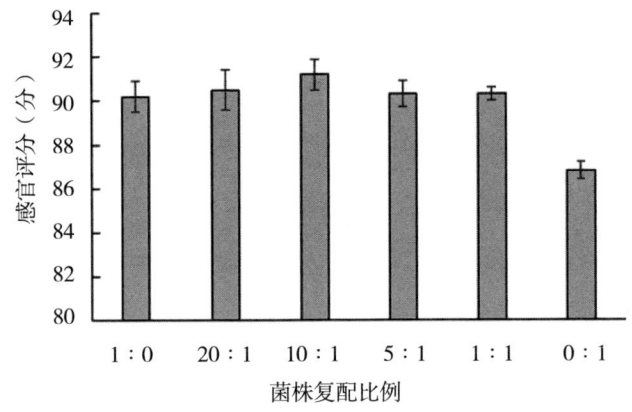

图 4-6 不同菌种配比对益生菌奶冻感官品质的影响

由图 4-6 可以看出，将 S. thermophiles grx02 和 L. fermentum grx08 两种乳酸菌按照不同比例进行复配后，制得的益生菌奶冻的感官评分较接近，略高于单个菌株的样品。结合活菌数测定结果，选择 S. thermophiles grx02 和 L. fermentum grx08 的比例为 10∶1 作为益生菌奶冻最佳发酵剂。

4. 结论

我们利用 5 株乳酸菌分别制备发酵乳和益生菌奶冻，研究了不同乳酸菌对益生菌奶冻品质及储藏性的影响。试验结果表明在 4℃ 储藏 21 d 期间，5 株乳酸菌在奶冻中的活菌数都保持在 7.98 log CFU/mL 以上。其中 L. rhamnosus GG 和 L. fermentum grx08 发酵制作的奶冻中活菌数较高，且 pH 值和酸度的变化幅度较大；而由 S. thermophiles grx02 及 S. thermophiles 90-57 发酵制作的奶冻 pH 值下降趋势较小，酸度上升较少。随着储藏时间的延长，5

组益生菌奶冻样品的感官得分均呈下降趋势。其中 *L. fermentum* grx08、*S. thermophiles* grx02 和 *S. thermophiles* 90-57 制作出的乳酸菌奶冻在储藏期间感官评分较高。综合活菌数、pH、滴定酸度及感官评分结果，选择 *L. fermentum* grx08 和 *S. thermophiles* grx02 两种乳酸菌按照不同比例进行复配制备奶冻，并通过测定产品的活菌数及感官品质，进行综合评估后得到益生菌奶冻的复配发酵剂配方：将 *L. fermentum* grx08 和 *S. thermophiles* grx02 以 10∶1 的比例进行混合，发酵后制备益生菌奶冻，产品品质最佳，且活菌数最高。

第二节　益生菌奶冻的配方优化

在益生菌奶冻配方的基础上，以筛选出的 *L. fermentum* grx08 和 *S. thermophiles* grx02 以 10∶1 的比例混合作为发酵剂来制备益生菌奶冻，采用单因素试验分别确定发酵乳、白砂糖、果酱和吉利丁的添加量，采用正交试验法确定了益生菌奶冻的最佳配方，为益生菌奶冻的工业化生产提供参考。

1. 材料与设备

1.1　试验材料

益生菌菌种：*L. fermentum* grx08 和 *S. thermophiles* grx02 由江

苏省乳品生物技术与安全控制重点实验室提供；牛奶（扬大康源乳业有限公司）；白砂糖（市售）；百利牌吉利丁片（意大利百利凝公司）；安佳稀奶油（新西兰恒天然公司）；乐芙娜西西里柠檬汁（意大利 Eurofood 公司）。

1.2 仪器与设备

FIS# 13-636-XL25 型酸度计（美国 Fisher Scientific 公司）；JF-SX-500 全自动灭菌锅（日本 TOMY 公司）；SPX-250B 型生化培养箱（上海跃进医疗器械厂）；SM-101 打蛋器（无锡新麦机械有限公司）；GYB60-08 型高压均质机（上海东华高压均质机厂）；TMS-pro 食品质构仪（美国 FTC 公司）。

2. 试验方法

2.1 菌株的活化培养

将冻干保存的 L. fermentum grx08 菌种接种于脱脂乳培养基中，37℃活化两代，4℃冷藏备用。将冻干保存的 S. thermophiles grx02 菌种接种于脱脂乳培养基中，42℃活化两代，4℃冷藏备用。

2.2 发酵乳的制备

原料（12%全脂乳粉、7%白砂糖、81%沸水）→搅拌→均质（23 MPa）→杀菌（95℃，5 min）→冷却（37℃）→接种（3%，v/v）→混匀→37℃发酵→冷藏后熟（4℃）→发酵乳。

2.3 益生菌奶冻的制作

吉利丁冷水浸泡（15 min）→牛奶、稀奶油加白砂糖预热混匀→杀菌（95℃，5 min）→冷却至60℃→加入泡软的吉利丁片和菊粉搅拌融化→冷却到42℃→加入发酵乳、柠檬汁搅拌均匀→装灌（60 克/杯）→冷藏凝冻（4℃）。

2.4 单因素试验设计

在基础配方中，研究不同发酵乳添加量（35%、40%、45%、50%、55%、60%），稀奶油添加量（10%、12%、14%、16%、20%），白砂糖添加量（5%、6%、7%、8%、9%），吉利丁片添加量（1.5%、2.0%、2.5%、3.0%、3.5%）。

2.5 益生菌奶冻最佳配方的研究

以上讨论了各单因素对益生菌奶冻质量的影响，但在实际生产中，成品质量是受这些因素相互交叉的综合影响。实验结果中表明吉利丁的添加量和冷冻温度对慕斯的影响并不是很大，为节约成本，故忽略其正交影响。为全面考查其他因素对制品的影响，进一步设计正交实验。

2.6 感官评定标准

评分小组由 10 位接受过感官评定培训的学生和老师组成，按照表 4-2 评分标准对益生菌奶冻的色泽、口感、风味和组织状态进行打分，结果取 3 次评分的平均值。

2.7 质构特性测定

参照贾洪信等[8]的方法，稍作修改，使用 TMS-Pro 食品质构仪进行 TPA 测定。测定探头：P/5 柱形探头；测定参数：测前速度 1.0 mm/s，测试速度 1.0 mm/s，起始力 0.01 N，测试后速度 1.0 mm/s，压缩率 30%。

2.8 益生菌奶冻中乳酸菌活菌数的测定

参照 GB 4789.35—2016[6] 中乳酸菌活菌数的测定方法，测出 5 种益生菌奶冻样品中的活菌数。

2.9 数据分析

利用 SPSS 22.0 统计分析软件对数据进行差异显著性分析，并用 Excel 2010 作图。

3. 结果与讨论

3.1 单因素试验结果

分别考查影响益生菌奶冻品质的主要原料，包括发酵乳添加量、稀奶油添加量、白砂糖添加量、吉利丁片添加量及菊粉添加量对益生菌奶冻品质的影响。

3.1.1 发酵乳添加量对益生菌奶冻品质的影响

不同发酵乳添加量对益生菌奶冻感官品质的影响如图 4-7 所示。

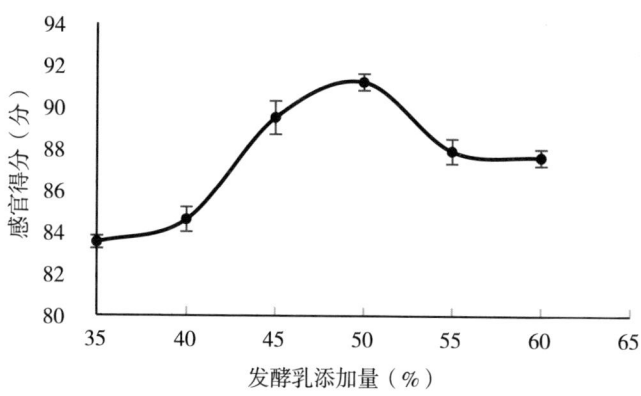

图 4-7 发酵乳添加量对奶冻感官品质的影响

由图4-7可以看出,随着发酵乳添加量的增加,益生菌奶冻的感官评分呈先升高后降低的趋势,当发酵乳添加量为50%时,奶冻的感官评分最高,为90.7分。当发酵乳的添加量较少时,奶冻口感较硬,不够细腻,口味平淡。随着发酵乳添加量的增加,奶冻的口感变柔软,发酵乳风味浓郁,当发酵乳添加量为60%时,奶冻酸味较重,但口感太软,弹性差,没有嚼劲。

表 4-3 发酵乳添加量对奶冻质构特性的影响

发酵乳添加量(%)	硬度(N)	黏附性(Ns)	弹性(mm)	咀嚼性(mJ)
35	1.77±0.05^a	0.37±0.05^b	10.14±0.09^a	9.64±0.09^a
40	1.62±0.48^a	0.46±0.05^b	10.57±0.04^a	9.45±0.08^a
45	1.54±0.03^{ab}	0.56±0.04^{ab}	10.10±0.09^a	7.63±0.36^b
50	1.49±0.03^{ab}	0.52±0.05^{ab}	10.25±0.09^a	7.25±0.36^b
55	1.38±0.07^{ab}	0.51±0.07^{ab}	9.73±0.01^{ab}	6.37±0.36^c
60	1.07±0.04^b	0.73±0.04^a	9.34±0.06^b	6.28±0.00^c

注:同列数据肩标小写字母完全不同的,表示差异显著($P<0.05$),有任何相同小写字母或无字母的表示差异不显著($P>0.05$)。

表 4-3 为不同发酵乳添加量奶冻的质构特性测定结果，随着发酵乳添加量的增加，益生菌奶冻的硬度和咀嚼性均呈逐渐下降趋势，黏附性呈上升趋势，弹性呈先升高后降低的趋势。这是因为随着发酵乳添加量的增加，奶冻中的酸度增加，酸对吉利丁的凝固特性会有一定的影响，从而使得奶冻的硬度和咀嚼性降低。但发酵乳增加后，慕斯中的固形物含量会增加，使得奶冻的黏附性增加。结合感官评分的结果，选用的最佳益生菌发酵奶的添加量为 50%。

3.1.2 稀奶油添加量对益生菌奶冻品质的影响

不同稀奶油添加量对益生菌奶冻感官品质和质构特性的影响如图 4-8 和表 4-4 所示。

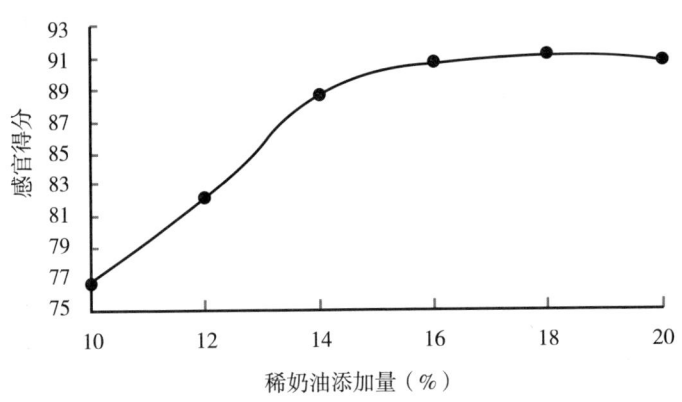

图 4-8 稀奶油添加量对奶冻感官品质的影响

添加适量的稀奶油可以增加益生菌奶冻的奶油香味，同时使奶冻的口感更细腻爽滑。由图 4-8 可以看出，随着稀奶油添加量的增加，益生菌奶冻的感官评分呈升高趋势；当稀奶油添加量为 18% 时，益生菌奶冻的感官评分最高，为 91.2 分；当稀奶油添加量较低时,奶冻的香味较淡,口感较硬,不够细腻;随着稀奶油添加量的增加,奶冻的奶香味增加,口感更加细腻,入口即化。

表 4-4 稀奶油添加量对奶冻质构特性的影响

稀奶油添加量(%)	硬度(N)	黏附性(Ns)	弹性(mm)	咀嚼性(mJ)
10	1.26 ± 0.06^a	0.34 ± 0.06^b	9.66 ± 0.21^a	6.65 ± 0.03^a
12	1.19 ± 0.07^a	0.32 ± 0.05^{bc}	9.57 ± 0.15^a	6.25 ± 0.01^a
14	0.92 ± 0.08^b	0.45 ± 0.06^a	9.51 ± 0.02^a	4.64 ± 0.14^b
16	0.89 ± 0.05^b	0.32 ± 0.04^{bc}	9.51 ± 0.07^a	4.84 ± 0.05^b
18	0.71 ± 0.05^c	0.28 ± 0.04^{bc}	9.50 ± 0.07^a	3.84 ± 0.05^c
20	0.68 ± 0.05^c	0.25 ± 0.01^c	9.49 ± 0.05^a	3.35 ± 0.20^c

注:同列数据肩标小写字母完全不同的,表示差异显著($P<0.05$),有任何相同小写字母或无字母的表示差异不显著($P>0.05$)。

由表 4-4 可以看出,随着稀奶油添加量的增加,益生菌奶冻的硬度和咀嚼性均呈逐渐下降趋势,黏附性呈先增大后降低的趋势,对弹性的影响不显著。这是因为随着稀奶油添加量的增加,奶冻中的脂肪含量增加,脂肪球具有很好的润滑作用,可以降低奶冻凝胶结构的硬度。结合感官评分的结果,选择稀奶油的添加量为 18%。

3.1.3 白砂糖添加量对益生菌奶冻品质的影响

不同的白砂糖添加量对益生菌奶冻感官品质和质构特性的影响,如图 4-9 和表 4-5 所示。

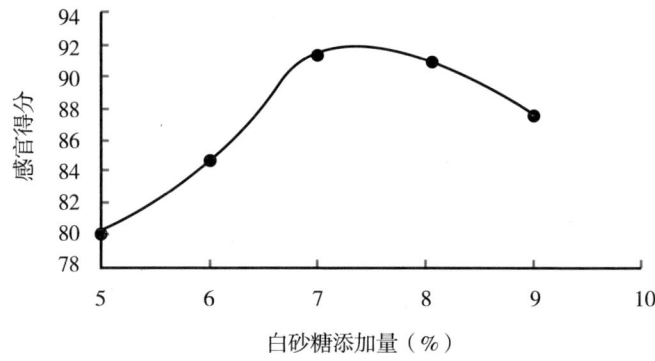

图 4-9 白砂糖添加量对奶冻感官品质的影响

白砂糖的添加量对益生菌奶冻的甜度有直接的影响，由图 4-9 可以看出，随着白砂糖添加量的增加，益生菌奶冻的感官评分呈先升高后降低的趋势；当白砂糖添加量较低时，奶冻的甜味较弱；当白砂糖添加量较高时，奶冻的口感过甜，组织变粗糙，当白砂糖添加量为 7% 时，益生菌奶冻的甜味适中，感官评分最高，为 92.1 分。

表 4-5 白砂糖添加量对奶冻质构特性的影响

白砂糖添加量（%）	硬度（N）	黏附性（Ns）	弹性（mm）	咀嚼性（mJ）
5	1.05±0.01[b]	0.31±0.09[c]	9.52±0.13[a]	5.42±0.04[d]
6	1.15±0.06[b]	0.46±0.04[b]	9.46±0.04[a]	5.68±0.22[c]
7	1.23±0.10[ab]	0.57±0.13[b]	9.43±0.01[a]	6.07±0.04[b]
8	1.25±0.06[ab]	0.55±0.06[b]	9.37±0.01[a]	6.55±0.13[ab]
10	1.36±0.04[a]	0.62±0.01[a]	9.80±0.11[a]	6.76±0.24[a]

注：同列数据肩标小写字母完全不同的，表示差异显著（$P<0.05$），有任何相同小写字母或无字母的表示差异不显著（$P>0.05$）。

由表4-5可以看出，随着白砂糖添加量的增加，益生菌奶冻的硬度、黏附性和咀嚼性均呈增加趋势，对弹性的影响不显著。结合感官评定的结果，选择白砂糖的添加量为7%。

3.1.4 吉利丁片的添加量对益生菌奶冻品质的影响

不同吉利丁片添加量对益生菌奶冻感官品质和质构特性的影响，如图4-10和表4-6所示。

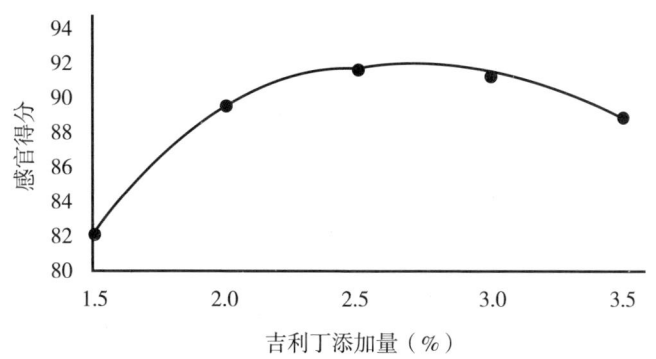

图4-10 吉利丁片添加量对奶冻感官品质的影响

吉利丁添加量的多少直接影响奶冻的口感和硬度。由图4-10可以看出，随着吉利丁添加量的增加，益生菌奶冻的口感由柔软爽滑变得有韧性、弹性增加。当吉利丁添加量为1.5%时，奶冻的表面不光滑，口感较软，弹性差；随着吉利丁片添加量的增加，奶冻的外形变得光滑完整，口感由柔软变得有一定的弹性；当添加量为2.5%时，奶冻的感官评分最高，为91.5分，此时益生菌奶冻的软硬度适中，口感爽滑有弹性。

表 4-6 吉利丁片添加量对奶冻质构特性的影响

吉利丁片添加量（%）	硬度（N）	黏附性（Ns）	弹性（mm）	咀嚼性（mJ）
1.5	0.45±0.02^c	0.17±0.01^c	8.41±0.01^c	2.35±0.03^c
2.0	0.56±0.03^b	0.24±0.03^{bc}	8.72±0.02^{bc}	2.84±0.10^{bc}
2.5	0.59±0.07^b	0.26±0.04^{bc}	8.92±0.06^b	3.16±0.05^a
3.0	0.73±0.05^a	0.40±0.02^a	9.71±0.09^a	3.92±0.01^a
3.5	0.76±0.02^a	0.44±0.03^{ab}	9.75±0.05^a	3.93±0.37^a

注：同列数据肩标小写字母完全不同的，表示差异显著（$P<0.05$），有任何相同小写字母或无字母的表示差异不显著（$P>0.05$）。

由表 4-6 可以看出，随着吉利丁片添加量的增加，益生菌奶冻的硬度、黏附性、弹性和咀嚼性均呈上升趋势。这是因为吉利丁为一种大分子的亲水胶体，在加热时溶解成胶体，冷却后形成凝胶。凝胶的强度与吉利丁的浓度有直接关系。结合感官评分的结果，选择吉利丁片的添加量为 2.5%。

3.2 正交实验结果与分析

以上讨论了各单因素对益生菌奶冻感官品质和质构特性的影响，但在实际生产中，成品质量是受发酵乳、稀奶油、白砂糖和吉利丁添加量等因素相互交叉的综合影响。因此，为全面考查其他因素对制品的影响，进一步设计正交实验。根据单因素试验的结果，采用 $L_9(3^4)$ 正交表进行正交试验，因素与水平表见表 4-7。

第四章 益生菌奶冻的配方优化及储藏特性研究

表 4-7 $L_9(3^4)$ 正交试验因素与水平表

水平	因素			
	A 发酵乳（%）	B 稀奶油（%）	C 白砂糖（%）	D 吉利丁（%）
1	48	16	7	2.0
2	50	18	8	2.5
3	52	20	9	3.0

对所得试验结果进行极差分析，确定各因素对奶冻品质影响的先后顺序，确定各因素的最优水平，得出最优组合，最终筛选出益生菌奶冻产品的最佳配方，正交试验结果与分析见表 4-8。

表 4-8 正交试验结果与分析

实验号	A	B	C	D	综合评分
1	1	1	1	1	84.2
2	1	2	2	2	87.1
3	1	3	3	3	89.2
4	2	1	2	3	87.6
5	2	2	3	1	90.7
6	2	3	1	2	88.6
7	3	1	3	2	84.3
8	3	2	1	3	87.0
9	3	3	2	1	89.7
K_1	86.8	85.3	86.6	88.2	
K_2	89.0	88.3	88.2	86.7	
K_3	87.0	89.1	88.1	87.9	
极差 R	2.2	3.8	1.6	1.5	
因素主次	B>A>C>D				
较优水平	$A_2B_3C_2D_1$				

由表 4-8 中的极差结果可知，影响益生菌奶冻感官品质的因素的大小顺序为：B>A>C>D，即稀奶油添加量对益生菌奶冻品质的影响最大，其次为发酵乳添加量和白砂糖添加量，吉利丁添加量对奶冻感官品质的影响最小。由表 4-8 还可以看出，最优配方组合为 $A_2B_3C_2D_1$，即益生菌奶冻的最优配方为：发酵乳的添加量为 50.0%，稀奶油的添加量为 20.0%，白砂糖的添加量为 8.0%，吉利丁的添加量为 2.0%。

对益生菌奶冻的最优配方进行验证试验，重复 3 次后取平均值，结果表明，最优配方组合制作的奶冻感官得分为 92.3 分，高于正交试验中的每一项试验结果。因此益生菌奶冻的最优配方为：发酵乳的添加量为 50.0%，稀奶油的添加量为 20.0%，白砂糖的添加量为 8.0%，吉利丁的添加量为 2.0%，牛奶的添加量为 18.0%，柠檬汁的添加量为 2.0%。用此配方制作的益生菌奶冻酸甜适口，具有发酵乳香味和柠檬汁的香味，口感细腻爽滑，组织均匀有弹性。

4. 结论

我们研究了发酵乳、稀奶油、白砂糖和吉利丁的添加量对益生菌奶冻感官品质和质构特性的影响，并通过正交实验对益生菌奶冻的配方进行了优化。

（1）单因素试验确定了发酵乳的最佳添加量为 50.0%，稀奶油的添加量为 18.0%，白砂糖的添加量为 7.0%，吉利丁片的添加量为 2.5%。

（2）通过正交试验得出影响益生菌奶冻感官品质的因素主次

顺序是：稀奶油添加量>牛奶添加量>白砂糖添加量>吉利丁添加量。益生菌奶冻的最优配方为发酵乳的添加量为 50.0%，稀奶油的添加量为 20.0%，白砂糖的添加量为 8.0%，吉利丁的添加量为 2.0%，牛奶的添加量为 18.0%，柠檬汁的添加量为 2.0%，感官评分为 92.3 分。此配方制得的益生菌奶冻酸甜适口，具有发酵乳和柠檬汁的香味，口感细腻爽滑，组织均匀有弹性。

第三节 益生菌奶冻的储藏特性分析

益生菌奶冻中含有活性益生菌，一般需要低温储藏。但长时间的低温储藏会造成益生菌活性降低，同时也会对奶冻的感官品质和风味产生一定的影响。如何保持益生菌奶冻在储藏期间的活菌数，以及良好的风味和口感，是益生菌奶冻生产中必须解决的问题。将益生菌奶冻在 4℃ 冰箱中冷藏，并于不同储藏时间取样，测定其活菌数、感官品质、pH 值、酸度和质构特性的变化，对益生菌奶冻储藏期间的质量稳定性进行评价。

1. 材料与设备

1.1 材料

益生菌菌种：*L. fermentum* grx08 和 *S. thermophiles* grx02 由江苏省乳品生物技术与安全控制重点实验室提供；牛奶（扬大康源

乳业有限公司）；安佳稀奶油（新西兰恒天然公司）；乐英娜西西里柠檬汁（意大利 Eurofood 公司）；白砂糖（市售）；百利牌吉利丁片（意大利百利凝公司）。

1.2 仪器设备

FIS#13-636-XL25 型酸度计（美国 Fisher Scientific 公司）；JF-SX-500 全自动灭菌锅（日本 TOMY 公司）；SPX-250B 型生化培养箱（上海跃进医疗器械厂）；SM-101 打蛋器（无锡新麦机械有限公司）；GYB60-08 型高压均质机（上海东华高压均质机厂）；TMS-pro 食品质构仪（美国 FTC 公司）。

2. 试验方法

2.1 菌株的活化培养

将冻干保存的 *L. fermentum* grx08 菌种接种于脱脂乳培养基中，37℃活化两代，4℃冷藏备用。将冻干保存的 *S. thermophiles* grx02 菌种接种于脱脂乳培养基中，42℃活化两代，4℃冷藏备用。

2.2 发酵乳的制备

原料（质量分数为 12% 全脂乳粉、7% 白砂糖、81% 开水）→搅拌→均质→杀菌→冷却到 42℃→接种→混匀→42℃发酵→冷藏后熟（4℃）→成品。

2.3 益生菌奶冻的制备

采用第二节得到的最优配方：发酵乳的添加量为50.0%，稀奶油的添加量为20.0%，白砂糖的添加量为8.0%，吉利丁的添加量为2.0%，牛奶的添加量为18.0%，柠檬汁的添加量为2.0%。

软化吉利丁片→牛奶、稀奶油加白砂糖预热混匀→杀菌（95℃，5min）→冷却至60℃→加入泡软的吉利丁片→搅拌融化→冷却到42℃→加入发酵乳、柠檬汁搅拌均匀→装灌（60.0克/杯）→冷藏凝冻（4℃）。

2.4 活菌数的测定

参照 GB 4789.35—2016[6]中乳酸菌活菌数的测定方法，测出5种益生菌奶冻样品中的活菌数。

2.5 滴定酸度和pH值测定

滴定酸度的测定参照 GB 5009.239—2016[7]的方法进行；pH值的测定使用酸度计在室温环境下进行。

2.6 质构特性测定

参照贾洪信等[8]的方法，稍作修改，使用TMS-Pro食品质构仪进行TPA测定。测定探头：P/5柱形探头；测定参数：测前速度1.0 mm/s，测试速度1.0 mm/s，起始力0.01 N，测试后速度1.0 mm/s,压缩率30%。

2.7 感官评定方法

评分小组由 10 位接受过感官评定培训的学生和老师组成，按照表 4-2 评分标准对益生菌奶冻的色泽、口感、风味和组织状态进行打分，结果取 3 次评分的平均值。

2.8 营养成分的测定

利用《中国食物成分表 2002》[9]对生料中能量及部分营养素含量进行测算汇总。

3. 结果与讨论

3.1 储藏期间奶冻感官品质的变化

益生菌奶冻于 4℃储藏 21 d，测定的样品感官品质变化如表 4-9 所示。

表 4-9 益生菌奶冻储藏期间感官品质的变化

冷藏时间（d）	外观	口感	风味	组织状态	总分
1	18.6±0.2^a	27.5±1.2^b	18.2±1.2^b	28.1±0.7^b	92.4^c
3	18.4±0.3^a	27.7±2.1^b	18.3±0.2^b	27.8±0.5^a	92.2^c
5	18.3±0.5^a	27.4±0.7^b	18.5±1.1^b	27.7±1.7^a	91.9^c
7	18.4±0.3^a	27.3±2.1^b	18.3±0.2^b	27.9±0.5^a	91.9^c
14	18.1±0.5^a	26.8±0.7^b	18.5±1.1^b	27.1±1.7^a	90.5^c
21	18.2±1.1^a	22.8±1.0^c	14.8±0.4^a	26.6±1.6^{ab}	82.4^b

(续表)

冷藏时间（d）	外观	口感	风味	组织状态	总分
28	18.3±1.2^a	16.4±2.1^c	12.1±0.8^a	21.1±0.8^b	67.9^a

注：同列数据肩标小写字母完全不同的，表示差异显著（$P<0.05$），有任何相同小写字母或无字母的表示差异不显著（$P>0.05$）。

由表4-9可以看出，在4℃储藏28 d期间，益生菌奶冻的外观无显著性变化；在1~14 d期间益生菌奶冻的口感、风味、组织状态均与空白组无显著性差异；到第21 d时，奶冻的口感、风味发生了显著降低，香味变淡，口感变硬，不够细腻，感官得分由第1 d的92.4分下降至第21 d的82.4分。在冷藏第28 d时，表皮发黏，且有明显的酸味及霉变味，已无法食用，所以综合评分下降较多。

3.2 储藏期间奶冻pH值的变化

益生菌奶冻于4℃储藏21 d，测定的样品pH值的变化如图4-11所示。

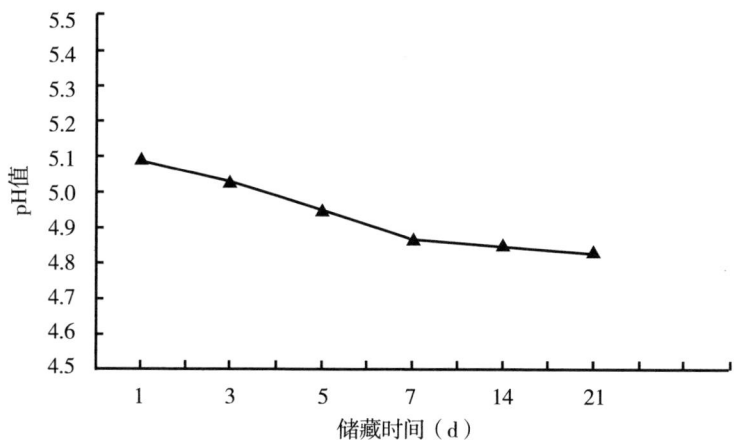

图 4-11 冷藏期间益生菌奶冻的 pH 值的变化

由图 4-11 可以看出，益生菌奶冻样品的 pH 值在 4℃ 储藏 21 d 期间呈逐渐下降趋势，在 1~7 d 期间下降速度较快，由第 1 d 的 5.19 下降到了第 7 d 的 4.87；第 7~21 d 呈缓慢下降趋势，由 4.87 下降到了 4.82。这是因为在冷藏初期乳酸菌将奶冻中的糖类物质分解后产生了乳酸，从而使奶冻的 pH 值出现下降。pH 值的大小会直接影响益生菌奶冻的风味、口感和组织状态，并且不利于在运输及储藏期的质量保持。本产品在冷藏 21 d 期间 pH 值下降幅度较小，是消费者可以接受的程度。

3.3 储藏期间奶冻滴定酸度的变化

益生菌奶冻于 4℃ 储藏 21 d，测定的样品滴定酸度的变化如图 4-12 所示。

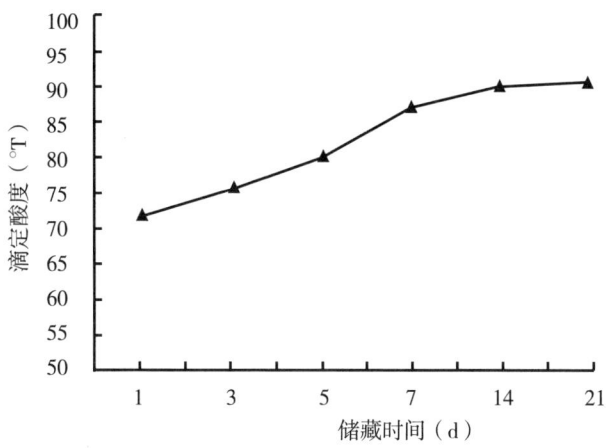

图4-12 冷藏期间益生菌奶冻滴定酸度的变化

由图4-12可以看出,益生菌奶冻样品在4℃储藏期的滴定酸度呈逐渐上升趋势,在1~7 d期间上升速度较快,由第1 d的71.3°T上升到了81.3°T;在7~21 d期间上升速度减缓,由81.3°T上升到了83.3°T。这与奶冻pH值的降低变化是一致的,奶冻酸度如果过高会使产品风味和口感可接受度受到影响,本产品在21 d的冷藏期内酸度均在可接受范围内。

3.4 储藏期间奶冻质构特性的变化

益生菌奶冻于4℃储藏21 d,测定奶冻样品质构特性的变化如表4-10所示。

表4-10 益生菌奶冻在4℃储藏期间质构特性的变化

冷藏时间（d）	硬度（N）	黏附性（Ns）	弹性（mm）	咀嚼性（mJ）
1	1.02±0.03[a]	0.76±0.02[a]	10.58±0.44[a]	4.96±0.50[ab]

(续表)

冷藏时间（d）	硬度（N）	黏附性（Ns）	弹性（mm）	咀嚼性（mJ）
3	1.07±0.04^a	1.32±0.04^c	10.35±0.28^a	5.35±0.05^b
5	1.10±0.05^{ab}	1.08±0.12^b	10.33±0.32^a	6.23±0.36^c
7	1.35±0.12^c	1.28±0.03^c	10.57±0.28^{ab}	6.25±0.21^c
14	1.32±0.12^c	0.95±0.03^{ab}	10.56±0.24^a	4.47±0.07^a
21	1.21±0.05^b	0.89±0.06^{ab}	10.69±0.13^a	5.22±0.25^b

注：同列数据肩标小写字母完全不同的，表示差异显著（$P<0.05$），有任何相同小写字母或无字母的表示差异不显著（$P>0.05$）。

由表4-10可知，随着储藏时间的延长，益生菌奶冻的硬度、黏附性和咀嚼性呈先上升后下降的趋势，而弹性的变化不显著。（$P<0.05$）这可能是因为在储藏过程中，奶冻的酸度升高，且凝胶结构中的水分部分散失，使得奶冻的硬度增大。另外在4℃储藏条件下，乳酸菌仍保持一定的酶活性，会继续分解产品的糖类产酸，也会对蛋白质成分产生作用，使得凝胶结构的强度降低，所以出现了储藏后期硬度和咀嚼性降低的现象。

3.5 储藏期间奶冻中活菌数变化

益生菌奶冻在4℃储藏21 d，测定的样品活菌数的变化如图4-13所示。

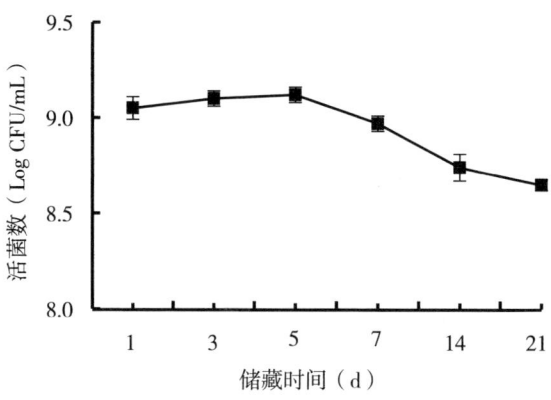

图 4-13 储藏期间奶冻中活菌数的变化

由图 4-13 可以看出，随着储藏时间的延长，益生菌奶冻的活菌数呈先缓慢增加后降低的趋势，在第 21 d 时的活菌数为 8.65 log CFU/g。乳制甜点中的益生菌活性与产品配方成分、储藏温度、包装等因素都有直接关系，会受到环境中的酸、冷、渗透压和氧等因素的影响[10]。搅拌、混合、低温凝冻、冷藏是益生菌奶冻生产和储藏的关键工序，这些生产过程都会对奶冻中的益生菌活性产生直接影响。在 4℃ 储藏期间，奶冻中的益生菌在第 5 d 后开始降低，这是因为奶冻的酸度升高造成了乳酸菌的活性降低，当 pH 值在 5.0 左右时有利于保持乳酸菌的活力，当 pH 值远远低于 5.0 时，乳酸菌活性被抑制。另外，低温环境也会导致乳酸菌活性的降低。

3.6 益生菌奶冻的营养成分计算

首先按照最佳配方确定益生菌奶冻的实际生料用量分别为：稀奶油 20.0%、发酵乳 50.0%、白砂糖 8.0%、吉利丁 2.0%、牛奶 18.0%、柠檬汁 2.0%，然后利用《中国食物成分表 2002》[79]

对生料中能量及部分营养素含量进行测算汇总,其标示过程见表 4-11。

表 4-11 益生菌奶冻的营养成分计算

原料名称	可食部重量（g）	能量（kcal）	蛋白质（g）	脂肪（g）	碳水化合物（g）	膳食纤维（g）	维生素 B_1（mg）	钙（mg）	钠（mg）
稀奶油	20.0	49.0	0.3	5.1	0.8	0	0.12	40.4	12.0
发酵乳	50.0	35.8	1.3	1.3	4.6	0	0.16	59.2	19.9
白砂糖	8.0	31.8	0	0	7.9	0	0	0.5	0.1
吉利丁	2.0	0.67	1.6	0	0	0	0	0	2.5
牛奶	18.0	11.2	1.7	0.6	0.8	0.1	0.02	21.8	1.2
柠檬汁	2.0	0.5	0	0	0.1	0	0	0	0

按照 GB 28050—2011《预包装食品营养标签通则》[11]相关要求应用到餐饮产品,得到益生菌奶冻的营养标签见表 4-12。

表 4-12 益生菌奶冻的营养标签

营养成分	每 100 克（g）	营养素参考值（%）
能量	129 千卡（kcal）	6
蛋白质	4.9 克（g）	9
脂肪	7.0 克（g）	12
碳水化合物	14.2 克（g）	6
钠	35.7 毫克（mg）	2
膳食纤维	0.1 克（g）	0.1
维生素 B_1	0.3 毫克（mg）	6
钙	121.2 毫克（mg）	15

100 g 益生菌奶冻中营养素含量为：能量 129 kcal，蛋白质 4.9 g，脂肪 7.0 g，碳水化合物 14.2 g，膳食纤维 0.1 g，维生素 B_1 0.3 mg，钙 121.2 mg，钠 35.7 mg。

4. 结论

通过上述实验研究得到以下结论：

（1）奶冻储藏期内感官评定的结果表明：在4℃储藏14 d 期间益生菌奶冻的感官品质没有发生显著性的变化，第21 d 时奶冻的感官品质显著降低，第28 d 时失去可食用性。

（2）奶冻在冷藏期内 pH、滴定酸度的结果表明，随着冷藏时间的延长，奶冻的 pH 值逐渐降低，酸度升高，但变化幅度较小，均在可接受范围内。

（3）奶冻储藏期内活菌数的结果表明，随着储藏时间的延长，活菌数呈先缓慢增加后降低的趋势，储存到21 d 时活菌数保持在8.62 log CFU/g 以上。

（4）质构特性测定的结果显示，在4℃冷藏21 d 期间，益生菌奶冻的硬度、黏附性和咀嚼性均显著增大，内聚性和弹性变化不显著。

（5）100 g 益生菌奶冻中营养素含量为：能量129 kcal，蛋白质4.9 g，脂肪7.0 g，碳水化合物14.2 g，膳食纤维0.1 g，维生素 B_1 0.3 mg，钙121.2 mg，钠35.7 mg。

本章参考文献

[1] 曾羲, 赵谋明, 黄能武, 等. 工艺条件对奶冻品质影响的研究 [J]. 食品工业科技, 2013, 34 (10): 277-294.

[2] Ozcan T, YiLmazersan L, AkpiNarbayiZi T A, et al. Viability of *Lactobacillus acidophilus* LA-5 and *Bifidobacterium bifidum* BB-12 in rice pudding (str. 135-144) [J]. Mljekarstvo, 2010, 60 (2): 135-144.

[3] Helland M H, Wicklund T, Narvhus J A. Growth and metabolism of selected strains of probiotic bacteria in milk- and water-based cereal puddings [J]. International Dairy Journal, 2004, 14 (11): 957-965.

[4] HUMEYRA I, FATMANUR D ENES D. Glucan type exopolys accharide (EPS) shows prebiotic effect and reduces syneresis in chocolate pudding [J]. Journal of Food Science and Technology, 2018, 55 (9): 3821-3826.

[5] IRKIN R, GULDA S M. Evaluation of cacao-pudding as a probiotic food carrier and sensory [J]. Actaagriculturae Slovenica, 2011, (3): 223-232.

[6] 中华人民共和国卫生部. GB 4789.35—2016 食品安全国家标准: 食品微生物学检验乳酸菌检验 [S]. 北京: 中国标准出版社, 2010.

[7] 中华人民共和国卫生部. GB 5009.239—2016 食品安全国家标准: 食品酸度的测定 [S]. 北京: 中国标准出版社, 2016.

[8] 贾洪信, 周喜华, 刘素纯. 柠檬蛋奶奶冻配方优化及保藏特性研究 [J]. 食品科技, 2018, 43 (5): 127-131.

[9] 杨月欣, 王光亚. 中国食物成分表, 2002 [M]. 北京: 北京大学医学出版社, 2002.

[10] Tripathi M K, Giri S K. Probiotic functional foods: Survival of probiotics during processing and storage [J]. Journal of Functional Foods, 2014, 9: 225-241.

[11] 杨维军, 王华, 杨坚. 益生菌的功效及其在食品中的应用 [J]. 四川食品与发酵, 2005, 41 (1): 27-30.